建筑里的 健康密码

王清勤　主编

孟　冲　刘茂林　副主编

中国建筑工业出版社

图书在版编目（CIP）数据

建筑里的健康密码 / 王清勤主编；孟冲，刘茂林副
主编 . —北京：中国建筑工业出版社，2023.9（2024.10重印）
ISBN 978-7-112-28915-8

Ⅰ . ①建…　Ⅱ . ①王…②孟…③刘…　Ⅲ . ①建筑设
计—环境设计—普及读物　Ⅳ . ① TU–856

中国国家版本馆 CIP 数据核字（2023）第 128794 号

本书以通俗易懂的语言、简单明了的插图和专业的知识拓展，围绕健康建筑六
大核心要素：空气、水、舒适、健身、人文、服务的技术要求进行解读，帮助大家
认识建筑对健康的影响，了解建筑技术科学，主动创建健康环境和采取健康生活方式。

责任编辑：周娟华
文字编辑：韩明希
责任校对：芦欣甜
校对整理：张惠雯

建筑里的健康密码

王清勤　主编
孟　冲　刘茂林　副主编
*
中国建筑工业出版社出版、发行（北京海淀三里河路9号）
各地新华书店、建筑书店经销
北京建筑工业印刷有限公司制版
建工社（河北）印刷有限公司印刷
*
开本：787毫米×960毫米　1/16　印张：$10\frac{3}{4}$　字数：161千字
2023年12月第一版　　2024年10月第二次印刷
定价：**58.00** 元
ISBN 978 - 7 - 112 - 28915 - 8
（41627）

《建筑里的健康密码》编委会

主　　编：王清勤

副 主 编：孟　冲　刘茂林

编写委员：（按姓氏笔画排名）

王　兰　　王　果　　王　罡　　王继梅　　王　潇

左　进　　吕石磊　　朱荣鑫　　刘　恋　　刘　琨

闫国军　　孙宗科　　李　栋　　李剑东　　李剑虹

李淙淙　　张轶然　　张　浩　　张寅平　　陈向峰

陈　滨　　赵乃妮　　赵建平　　郝晓岑　　胡　安

胡国力　　洪　波　　贾雪妍　　夏荣鹏　　徐　峰

高　军　　高雅春　　盖轶静　　董兰兰　　韩昀松

喻　伟　　曾　捷　　曾璐瑶　　谢尚群　　谢　辉

霍雨佳　　魏静雅

审查专家：李晓江　　康　健　　张寅平　　左　进　　韩昀松

郝晓岑

编写单位：中国建筑科学研究院有限公司

国家建筑工程技术研究中心

中国城市科学研究会绿色建筑研究中心

中国城市规划设计研究院

中国疾病预防控制中心环境与健康相关产品安全所

中国疾病预防控制中心慢性非传染性疾病预防控制中心

清华大学

天津大学

中国医学科学院北京协和医院

哈尔滨工业大学

同济大学

重庆大学

中国农业大学

中国建筑材料科学研究总院有限公司

中国科学院微电子研究所

中国家用电器研究院

首都体育学院

西北农林科技大学

大连理工大学

中国绿发投资集团有限公司

中海企业发展集团有限公司

序一

　　个人健康是立身之本，全民健康是强国之基。全面推进健康中国建设是新时代中国特色社会主义事业中一项重要的战略安排，事关人的全面发展和社会的全面进步。健康作为美好生活和全面小康的基础，是人民群众最关心、最直接、最现实的利益。以习近平同志为核心的党中央坚持把人民健康放在优先发展的战略地位，作出"全面推进健康中国建设"的重大决策部署。建设健康中国是一项系统工程，不仅是解决看病问题，更是"治未病"，涉及医疗、教育、住房、养老等一切影响群众健康的方面。我国提出"把健康融入所有政策"的长效机制，倡导在经济社会发展规划中突出健康目标，在公共政策制定实施中向健康倾斜，发挥各个部门的主体作用和协同作用，统筹政府、社会、个人三个层面，完善和促进健康的体制机制，推动形成多层次、多元化的共建、共治、共享格局，筑牢健康之基。

　　影响健康的因素复杂多样，发挥建筑环境的积极促进作用是健康中国建设的一项重要内容。世界卫生组织（WHO）总结全球的研究结果发现，影响人的健康和寿命的因素中，生活方式和行为占 60%，环境占 17%，遗传占 15%，医疗服务占 8%，这充分说明健康需要进行有效干预和管理。从我国居民的健康数据来看，慢性病造成的疾病负担已占所有疾病负担的 70% 以上，而且呈现年轻化趋势。而科学研究表明，大部分慢性病都可以通过改变饮食和生活方式进行早期预防。此外，我国面临的另外一项严峻的健康挑战是人口老龄化。2022 年年末，65 岁及以上人口达到 20978 万人。预计到 2040 年，这一比例将超过总人口的

20%。随着年龄的增长，人的生理功能逐渐下降，对生活环境和设施配置提出更高、更多的要求。因此，建设健康支持性环境，提供清洁的空气、卫生的水质、充足的阳光、宜人的景观、健身的场所、膳食的引导、专业的养老辅助器具等条件，是一项十分重要的基础工作，是我们倡导的"四维健康"理念的重要部分，即无病无弱、身心健全、社会适应、环境和谐。

以疾病治疗为中心转向以健康促进为中心的大健康观是建设健康中国的行动引领。大健康理念强调前置健康管理关口，进行早期干预，既要求已病后能够治愈，更意味着未病时增加健康储备和提升防病能力，全方位、全周期维护和保障人民健康。因此，卫生、营养、体育、装备、建筑等行业要主动适应新时期的健康要求，调整工作职责和服务模式。以医学服务为例，传统上是以病患为重点服务对象，包括医疗服务、公共卫生、健康促进。大健康理念要求将尚未患病的人群也包含进来，将来的服务需要转型，将次序调整为健康促进、公共卫生、医疗服务。健康管理从"治"为主向"促"为主转变，需要立足全人群和全生命期两个着力点，考虑健康影响因素的广泛性、社会性、整体性，研究生命不同阶段的主要健康问题和影响因素，为采取干预方案和提供健康服务提供实施基础。

普及健康知识和基本技能是提高全民健康水平最根本、最经济、最有效的措施之一，《建筑里的健康密码》从人们长期生活工作的建筑出发，选取了近百项公众喜闻乐见的知识点，从健康的视角解读其基本概念、潜在风险和改善措施，内容新颖，信息丰富，是非常好的科普素材。我仔细翻阅了全书，感受到建筑行业在营造健康人居环境和引导健康生活方式方面肩负着至关重要的责任，开展了卓有成效的探索，践行了健康中国的要求，令人欣慰和鼓舞。在这里我也感谢来自各行各业的编写单位和编委付出的辛勤努力，汇总整理跨学科的科技成果，为科普工作和健康教育贡献力量。

推动健康中国建设是以习近平同志为核心的党中央从长远发展和时代前沿出发，坚持和发展新时代中国特色社会主义的一项重要战略安排，将为实现"两个一百年"奋斗目标和中华民族伟大复兴的中国梦，提供坚实的健康基础。我们期待建筑行业能充分发挥建筑载体和产业纽带的作用，与各相关主体开展更加密切的合作交流，全面提高和发挥建筑的健康价值，为提高人民群众的生活质量和健康水平作出更大的贡献。

中国工程院院士　刘德培

序
二

人的一生超过 90% 的时间在室内度过，长期在建筑中生活、工作、学习，大众的健康受到环境、设备、服务等多重途径的影响。以往提到建筑对健康的影响，人们重点关注室内装修、二次供水、房间噪声等污染。经历了新冠病毒感染疫情，人们的关注点更加广泛，包括建筑的新风系统、排水系统、杀菌消毒、交流场地、空间分区、物资供应、物业服务等方面。随着人们安全意识和健康素养的不断提升，建筑环境的健康支持贡献已然成为焦点。然而，群众对建筑的设计、选材、建设、运维全过程活动的认知仍然比较粗浅，缺乏系统性和专业性。

建筑类型众多、室内环境不同、使用人群多样、健康影响复杂，除了包括建筑、水、暖、声、光、电、材料等建筑相关学科，还涉及心理学、卫生学、食品营养学、人体工程学、体育学等其他学科，这些都是新时期高品质建筑需要兼顾的方向，即关注对人的生理影响，以及对心理和社会适应的影响。建筑科技工作者和人民群众作为供需双方，对建筑环境和组成要素有系统的了解，将有助于推动建筑产品的转型升级。以空气品质为例，围绕室内空气相关概念、典型污染物来源、对人体健康影响、国内外相关标准、检测和监测方法、综合防治技术措施等内容进行科学普及，将有利于公众健康素养提升和该领域的技术创新。正如习近平总书记所讲，科技创新、科学普及是实现创新发展的两翼，要把科学普及放在与科技创新同等重要的位置。没有全民科学素质普遍提高，就难以建立起宏大的高素质创新大军，难以实现科技成果快速转化。因此，面向人民健康的建筑科学科普工作意义重大。

　　《建筑里的健康密码》聚焦公众最关心的"健康"问题，以我国健康建筑理念和技术体系为指引，总结了建筑对人体健康的影响因素，阐述了建筑中重点风险的作用机理，提供了建筑的微环境营造方法。该书既有空气污染、二次供水、健康照明、热湿问题等普遍的内容，也有病毒隔楼层传播、居家健身、自动体外除颤器布置、社区养老等热点的问题，还有声景、装配式装修、智慧家居、智能穿戴设备等新理念的实践应用。既可以让不同人群认识建筑和其健康价值，学习医学和基础病症知识，又能够指导使用者规避健康危害，选择健康产品，设计健康环境，提高居住品质。总体来看，这本书的内容具有很强的科学性、系统性和实用性。

　　这本书由中国建筑科学研究院有限公司教授级高级工程师王清勤牵头编写，团队成员均来自健康与建筑领域的重要机构，具有扎实且丰富的科研工作基础，书中很多内容呼应了全国住房和城乡建设工作会议提出的"新一代好房子"理念，并对其中基本元素进行了阐述，其出版将对满足人民群众高品质生活需求和供给改革具有显著的社会效益。

中国工程院院士　侯立安

十八届五中全会首次提出"推进健康中国建设"的任务要求，指出要为人民群众提供全方位、全周期的健康服务，并将建设健康环境列为五大重点领域之一。2019 年 7 月 9 日，国务院发布《健康中国行动（2019—2030 年）》，围绕疾病预防和健康促进两大核心，提出 15 个重大专项行动。其中，健康环境促进行动对室内空气污染、装饰装修材料、饮水卫生、微生物等家居环境风险的控制提出应对举措。2020 年 6 月 2 日，习近平总书记在专家学者座谈会上强调：要推动将健康融入所有政策，把全生命周期健康管理理念贯穿城市规划、建设、管理全过程各环节。

2016 年 3 月 1 日，中国建筑科学研究院有限公司组织国内权威单位和专家启动了我国第一部《健康建筑评价标准》T/ASC 02—2016 的编制，构建了健康建筑的空气、水、舒适、健身、人文、服务六大指标体系。《健康建筑评价标准》T/ASC 02—2016 于 2017 年 1 月 6 日正式发布实施，2017 年 3 月第一批 11 个健康建筑项目获得认证证书，并在 2017 年 3 月 21 日召开的第 13 届国际绿色建筑与建筑节能大会开幕式上颁发了证书。可以说，2017 年是我国健康建筑的发展元年。2021 年 11 月 1 日，第二版《健康建筑评价标准》T/ASC 02—2021 发布实施。目前已经形成涵盖健康建筑、健康社区、健康小镇、既有住区健康改造、健康建筑产品标准体系，从区域到建筑再到产品，从新建项目到改造项目，服务住房和城乡建设的健康升级。

健康建筑是促进人身心健康的建筑，不单是建筑本体的安全健康。健康建筑从使用者角度出发，融合了建筑科学、公共卫生学、心理学、营养学、运动学、人文与社会科学等多学科、多领域，综合考虑应对突发公共卫生事件和常态长效预防的双重情景，科学研究建筑中影响健康的"密码"，形成了系统全面的指标体系，通过设置污染物限值和采取控制措施、提供有利于健康的设施和服务来营造健康、舒适的建筑环境，让人民住得更健康，工作得更健康，生活得更健康。

随着健康建筑理念被广泛地认可，健康建筑将迎来更大范围的普及。系统解读健康建筑的相关科学知识，揭示建筑中潜藏的健康奥秘，指导建筑及社区更加精准地应对公共卫生事件，对广大人民群众防范建筑中的健康风险并采取措施创造更好的生活空间具有重要意义，有着非常重要的科普意义和实用价值。为此，我们组织了国内多学科、多领域的专家共同编著这本科普读物，以期能激发广大读者对于建筑里健康密码的兴趣，为普及建筑相关的健康知识尽绵薄之力。

本书受"十三五"国家重点研发计划课题"既有城市住区功能设施的智慧化和健康化升级改造技术研究"（课题号为2018YFC0704806）资助。在编写过程中，来自中国建筑科学研究院有限公司、国家建筑工程技术研究中心、中国城市科学研究会绿色建筑研究中心、中国城市规划设计研究院、中国疾病预防控制中心、清华大学、天津大学等权威机构的专家学者积极参与，共同编写。在此对各位专家的辛苦付出表示感谢！

本书的编写凝聚了所有参编人员和专家的集体智慧，然而由于编写时间匆促，虽几经修改、调整，疏漏和不妥之处在所难免，敬请广大读者提出批评和建议。

目录

2

无色无味的密码——
建筑里的空气和水

5

未来科技与健康建筑

建筑与健康的基本概念

1.1   建筑对人体健康有哪些影响?

人在建筑中会进行多种活动来满足自身需求,在此过程中,环境因素会不断地与人体进行交互影响,刺激人体感官系统或与人体产生物质交换,从而引发人体神经系统、内分泌系统、免疫系统等产生一系列反应,进而影响人的健康。

你知道吗?

> 人的健康不仅仅是指没有疾病和不虚弱,而是一种生理上、心理上和社会适应方面的良好状态。这三个方面是相互促进、相互制约、密不可分的。良好的生理健康是心理健康和社会适应健康的基础和载体;良好的心理健康会促进人体有益激素的分泌,有利于提高机体免疫力、提升面对社会工作压力的精神韧性和与他人交流相处的能力等;良好的社会适应健康能够舒缓心理压力,维持情绪稳定,让人更容易获得精神上的愉悦和满足等。

人在建筑中活动时,为了维持正常的新陈代谢,需要吸入空气、摄入水分和食物。如果建筑选用了含有毒有害物质的建材、储水水箱长期未清理、食物加工区未做好污染和虫害的防护管理等,会使这些区域的空气、水和食物中含有有害物质(如空气中的 $PM_{2.5}$ 和甲醛,饮用水中的细菌和固体悬浮物,食品中的农药和昆虫携带的病原菌等),对人的呼吸、消化、血液循环等系统造成一系列的伤害。

人在建筑中的饮食、休息、盥洗、学习、办公、交流、健身、哺育等活动需要使用空间、设备、设施。建筑的设计和维护不合理,如空间布局不合理、功能不全、适用性差、私密性不足、无障碍设计缺失、设备运行管理不规范等,会降低活动便利性和体验感,影响睡眠质量和情绪,降低学习和工作效率,引发滑倒、磕碰、交叉感染等安全隐患。此外,人的皮肤会实时感知环境的温度、湿度、风速,不良的温湿度环境不仅会让人感觉不舒适,还会影响人的免疫系统,导致人体难以抵御环境中的流感病毒、肺炎链球菌、单纯疱疹病毒等，诱发或加剧疾病。

置身于建筑中，人的眼、耳会主动或被动接收环境的光线、色彩、声音、文字、图像、符号等信息，对视觉器官、听觉器官、精神状态、工作效率、生理节律等产生影响。研究发现，空间色彩可以影响人的情绪，给人以安抚宽慰的感觉；优美的音乐和景观小品，可以吸引人驻足体验和欣赏，放松心情、缓解疲劳、舒缓压力等。

可以看出，建筑对人健康的影响有很多渠道，这些影响可能是直接的、也可能是间接的，有正面的、也有负面的，其中负面的影响可以在前期规划设计和后期运维管理过程中避免或改善。在人与建筑的关系中，人既是建筑环境影响下的客体，又是创造和改变建筑环境的主体。我们需要通过不断的学习，提升个体的健康素养，提升对环境风险的知晓率及辨别能力，掌握针对这些风险的应对措施，进而在可控的范围内进行健康改造，提升对自身健康的保障能力。如何降低负面的健康危害，扩大正面的促进作用，为建筑用户提供更多的健康福利和健康保障，是当下建设科技工作者需要重点关注的议题。

1.2 如何认识建筑与环境、空间的关系？

从最早为躲避自然环境对自身的伤害，用树枝、石头、泥土等天然材料建造原始小屋，到现代华丽的高楼大厦，人类几千年的建筑活动无不受到环境条件和科学技术发展的影响。不同地区的气候差异导致各地的建筑形态不同，不同功能的空间服务的社会活动也不同。

建筑设计与所处地域和时代密切相关。在我国华北地区，为了能在冬季保暖防寒，夏季遮阳防热、防雨以及春季防风沙，出现了大屋顶的"四合院"。与北方气候不同，西双版纳湿度大、降雨充沛、气温高，为了防雨、防湿和防热以获得较干爽阴凉的居住条件，出现了干阑式建筑。建筑既能体现地区间的气候差异，也能反映城市的人文历史和现代化程度。荷兰的砖、北欧的木、中国的竹这些建筑元素，北京故宫、苏州博物馆、上海东方明珠这些建筑形体都给人不同的感悟。因此，建筑设计时，应综合考虑形体、色彩、选材等各方面与所在区域的自然环境、人文环境、整体规划的协调，考虑时间和空间的延续性、城市的历史和未来的发展，避免破坏城市空间的和谐和影响居民的安全健康。然而，近几十年来，受到工业革命和信息革命快速发展的冲击，有些设计过多地强调独创性、贪大求怪；有些设计舍本逐末、生搬硬套导致"千城一面"；有些历史街区遭到无情拆除，代之以现代化的高楼大厦，不仅破坏了历史风貌和城镇格局，而且改变了居民原有的行为空间和行为轨迹，严重地影响了人们的精神情感、文化自信以及城市的品味。因此，建筑的设计不是一个孤立的创作，是与环境、与人的情感和生活方式相融合的探索。

一幢建筑是由若干个单体空间有机结合起来的整体空间。平面图、立面图和剖面图是表达建筑空间的图解，它们清晰地反映了各个组成部分之间的关系。① 建筑空间的类型依视角不同而不同。从空间行为层次划分，有内部空间、外部空间、灰空间；从边界形态行为划分，有封闭空间、开放空间、半封闭半开放空间；从使用行为划分，有公共空间、私密空间、半公共半私密空间；从空间行为态势划分，有动态空间、静态空间等。② 空间的分隔处理有多种方式。有绝对分隔，如用实体墙形成独立的空间，可以起到隔离视线、温度、声音等的作用，其空间界限分明，多用于卧室、会议室等；也有相对分隔，如用屏风、隔断等形成不完全封闭的空间，空间隔而不断，具有一定的流动性；还有意向分隔，主要通过非实体界面象征性分隔，创造视觉、听觉等心理上的领域感，如利用墙面颜色、照明配光、吊顶高低、水体绿化等进行分隔。③ 空间的设计需要与人的社会活动和心理需求统一，兼顾私密性与公共性的关系。我们居住空间里的卧室和浴室、购物中心的母婴室、办公楼中的心理宣泄室、会客厅中的 VIP 室等空间对私密性的要求都很高，不仅需要避免外界的干扰、保护个人或社会行为的隐私，同时还需要降低对他人的影响。而一些公共空间的开放性设计可以使人感觉足够放松和乐于交流，例如开放的餐饮空间、办公空间、阅览空间等，可以促进人与人的交流和与自然的亲近。空间采取什么样的分区方式，应综合考虑使用功能、空间艺术、使用者心理需求等多重因素。

你知道吗？

　　私密性不是离群索居，隔离自我，而是对生活和交往方式的控制。独处和交往都是人的需要，是独处还是与人交往，因时间、情景、人格等因素而异。个人信息过分暴露，尤其是视觉暴露，会使人遭受侵犯而产生消极情绪。减少或隔绝视听干扰是获得居住场所私密性的主要方式。私密性的主要作用包括有助于沉思、创造、恢复活力、倾诉谈心、提高自主性，次要作用有复原、宣泄和遮掩等。

1.3　如何认识外部环境对建筑的影响？

　　建筑所在地的气候条件和外部环境会通过围护结构直接影响室内环境。营造健康舒适的室内环境首先应了解当地各主要气候要素的变化规律及其特征。一个地区的气候与建筑的外部环境是在许多因素的综合作用下形成的，包括太阳辐射、大气压力、空气温湿度、降水等，而这些外部环境要素的形成又主要取决于太阳对地球的辐射。太阳辐射能是地球上热量的基本来源，其中约有51%被地球表面吸收，19%被大气层和云吸收，30%被地面、大气层和云层直接反射。被地球表面和大气层吸收的太阳辐射主要是通过长波的形式向外辐射，其中一部分辐射到太空，以此维持地球表面的热平衡，保持地球长期稳定的适宜人类生存的气候条件。

在城市，人口高度密集，生产活动和人们生活会产生大量的热，建筑物和地面覆盖物多，其气候有显著的特点：① 风环境与远郊不同。与郊区相比，市区的风速较低，但在建筑群特别是高层建筑群内会产生局部高速流动，即"狭管效应"，在低温时形成极不舒适的冷风。建筑的布局对小区风环境有重要影响，包括小区室外环境的热舒适性、夏季建筑通风以及由于冬季渗透风附加的建筑供暖负荷。② 气温较高，形成热岛效应。城市建筑群密集、柏油路和水泥路面比郊区的土壤、植被具有更大的热容量和吸热率，在夏季高温天气，城区会储存较多的热量，高于周边郊区的气温，从而出现热岛效应。由于热岛中心区域近地面气温高，大气做上升运动，周围地区近地面大气向中心区聚合，会形成低压漩涡，导致人们生活、工业生产、交通运输排放的大量污染物在热岛中心聚集，危害人的身体健康。

不同气候条件对建筑的影响不同。我国幅员辽阔，地形复杂，各地纬度、地势和地理条件不同，气候差异悬殊。为了明确建筑和气候两者的科学联系，反映各个气象要素的时空分布特点及其对建筑的直接作用，总体上做到合理利用气候资源，防止气候对建筑的不利影响，《建筑气候区划标准》GB 50178—1993 将全国划分成 7 个一级区。此外，为了反映气象基本要素对建筑物及围护结构的保温隔热设计与气候的关系，《民用建筑热工设计规范》GB 50176—2016 将全国划分为 5 个建筑热工设计气候区域，即严寒地区、寒冷地区、夏热冬冷地区、夏热冬暖地区与温和地区。建筑热工分区考虑的气候因素相对较少，较为简单。

1.4　城市规划如何影响公共卫生？

城市规划的起源与公共卫生有着密不可分的关系。国内外规划史界普遍认为西方城市规划诞生的标志是英国社会活动家霍华德（Ebenezer Howard，1850—

1928）的田园城市思想的提出和随之掀起的田园城市运动。英国 19 世纪中叶的卫生改革运动及其提出的市政建设方案，使城市规划与公共卫生产生联系，成为促进人群健康的最早实践。英国是世界上率先迈入现代化的国家，在 19 世纪遭受了工业化引起的人口密度剧增、环境恶化等城市问题的困扰，多次受到"热病"及霍乱疫情的侵袭。英国政治家查德威克（Edwin Chadwick，1800—1890）等人发起"卫生改革运动"，倡导将个人卫生习惯扩大至公共领域，并提出一系列的措施。在建成环境干预方面，提出以改造城市下水道系统为核心的方案，继而推行与之相关的河道整治、路网改造等市政建设。可以说，当代城市规划起源于英国，最早的法律依据就是 1848 年通过的《公共卫生法》，以中央政府的公权力介入公共卫生事务，对公共卫生与健康的关切就是当代城市规划制度建立的动力与来源。

随着现代城市规划理论不断发展，健康城市规划逐渐受到广泛关注。1984 年，WHO 在加拿大多伦多市召开的"超级卫生保健 - 多伦多 2000 年"大会上，首次提出"健康城市"（Healthy City）的概念，重点关注城市卫生与健康相关的问题。我国学者研究总结，城市规划对非传染性疾病的预防和公共健康的促进可通过土地使用、空间形态、道路交通、绿地和开放空间四类城市空间要素，减少污染源及人体暴露风险、提供可获得的健康设施、促进体力活动和交往三条路径来实现（图 1-1）。

面对突发公共卫生事件的检验，如何通过空间干预加强城市治理的物质环境应急和保障能力、提高城市发展的空间韧性，是城市规划的重要议题。城市规划针对传染性疾病防治的空间干预策略，可分为城市层面、社区层面和设施层面。城市层面的重点是整体用地和设施布局、交通组织和环境品质；社区层面的重点是将健康融入 15 分钟社区生活圈，推进步行范围内的日常健康和疫情应急支持；关键设施层面的重点是明确特定设施设置的必要性和具体作用。城乡规划在不同空间层面对传染病的三个防治环节提供社会环境和物质环境的支持，将会推动全面综合的"健康城市"建设。

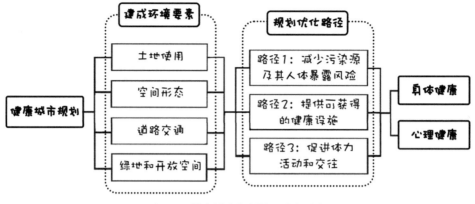

图 1-1　健康城市规划的要素与路径

1.5　什么是人居环境科学？

"人居环境科学"是在二战后人类对住房和人居环境需求普遍提升，以及我国改革开放后城乡发展模式亟须转型的时代背景之下应运而生的。1993 年，吴良镛先生等人基于对中国城市发展的长期研究，首次提出"人居环境科学"这一学术思想和系统，建立了以人居环境建设为核心的空间规划设计方法和实践模型，为实现有序空间和宜居环境的目标提供了理论框架。

人居环境是指包括乡村、集镇、城市、区域等在内的所有人类聚落及其环境，是人类利用自然、改造自然的主要场所。人居环境科学以人居环境为研究对象，是研究人类聚落及其环境的相互关系与发展规律，包括自然科学、技术科学与人文科学的新的学科体系，涉及的领域十分广泛。

人居环境在内容上，包含自然系统、人类系统、社会系统、居住系统和支撑系统。其中，支撑系统主要指人类住区的基础设施，包括公共服务设施系统、交通系统、通信系统、计算机信息系统和物质环境规划等。在以上五个系统中，人类系统与自然系统是基本系统，居住系统与支撑系统则是人工创造与建设的结果。

人居环境根据人类聚居的类型和规模可以划分为不同的层次。吴良镛先生根据中国存在的实际问题和人居环境研究的实际情况，将人居环境科学范围简化为全球、区域、城市、社区（村镇）、建筑五大层次。① 全球。在研究人居环境的过程中，须着眼全球环境与发展，聚焦重大问题，寻求可持续发展道路。② 区域。区域发展有自然的问题，也有人居环境的问题，既要找出总体的解决方案，还要有区域视野。③ 城市。城市涉及的问题较为集中，须抓住整体性，其中包括土地利用与生态环境的保护，基础设施支撑系统，各类建筑群的组织。④ 社区（村镇）。社区作为城市与建筑之间的一个重要中间层，作用包括创造就业机会、建造住宅、提高环境意识和进行环境管理等。⑤ 建筑。建筑的发展是建立在人类生产力和技术发展的基础上，应全面看待建筑在国家发展、社会进步、科学发展与人民生活环境提高以及与文化艺术发展的关系。自古以来，建筑就是为了"遮风雨""避寒暑"而建造的庇护所，以此为基础，加以技术和艺术的创造，便发展了建筑学，既包括物质内容，也包含精神内容，反映了人类文明的进步。

1.6　什么是健康建筑？

《健康建筑评价标准》T/ASC 02—2021对健康建筑的定义为"在满足建筑功能的基础上，提供更加健康的环境、设施和服务，促进使用者的生理健康、心理健康和社会健康，实现健康性能提升的建筑"。健康建筑理念的产生与形成伴随着社会问题不断演变、人民需求不断升级、科学技术不断进步、实践经验不断积累，是对人、健康、环境三者关系的认识实现系统化、科学化、工程化的过程。健康建筑不是一个仅关注新科技和环境指标的概念，而是一个有爱心有温度且很容易被感知的建筑。为了帮助读者更直观地体会什么是健康建筑，通过两个常见例子进行说明。

（1）家中卧室需要安静。针对这一需求，在健康建筑设计初期，首先要求全面分析可能存在的噪声源，如来自室外的交通噪声、生活噪声；来自水泵、风机、电梯等设备的振动噪声；来自邻居或起居室的生活噪声；卫生间排水噪声；室内的空调、冰箱、热水器、排风扇等设备噪声。其次针对这些噪声源采取降低噪声源强度和削弱传播的措施，如提升墙体、窗户、楼板的隔声性能，降低室内用电设备的噪声等级，对风管等振动设备设置隔震措施，禁止设备机房、电梯井与噪声敏感房间相邻的设计，优化室外活动广场、健身场地与住宅建筑的布局和距离，设置同层排水系统，开展基于室外声环境检测结果的室内声环境模拟计算，通过多种途径验证、优化设计方案。最终营造安静舒适的睡眠环境。

（2）家中需要呼吸清洁的空气。针对这一需求，首先应分析居家环境中可能存在的空气污染物，如 $PM_{2.5}$、油烟、粉尘等颗粒物；甲醛、VOCs 等化学污染物；细菌、真菌、病毒等微生物；放射性污染物氡。其次分析这些污染物的来源，包括：室外空气、土壤污染、厨房烹饪、空调系统、装修材料、家具、办公用品、日化用品等。针对这些源头污染问题，可采取优化选址或土壤治理等方式限制土壤氡含量；限制室内装饰装修材料、家具陈设品的选用，降低甲醛、VOCs 等污染物；设置局部排风、设置可自动关闭的门等措施，隔离污染源散发空间；控制室内温湿度区间、选用新型防霉面层材料等措施降低室内霉菌孳生；设置新风及净化系统，降低室内尘螨、颗粒物浓度；提升外门窗气密性，阻止室外 $PM_{2.5}$ 等污染物进入室内；采用防干涸地漏、同层排水、风井止回阀等，减少排水和排风系统的细菌、病毒传播；在设计阶段进行基于多种污染物叠加的预评估模拟计算，优化建筑选材，从而实现室内空气健康的目的。

从建筑科学角度来看，健康建筑就是对人生理、心理和社会健康需求的全面采集，经过目标分解、指标筛选、归类、构建评价架构与逻辑形成评估体系，为规划、设计、建造、运行、改造提供切实可行的解决方案。从用户体验感的角度来看，健康建筑可以让人呼吸到更清新的空气，喝到更健康的水，听到更舒适的声音，享受更宜人的光和温度，体验更便捷的活动和交流等，从而提供更健康的环境条件和健康保障。

1.7 什么是环境心理学？

环境心理学是研究物质环境、社会环境和信息环境与行为之间关系的科学。物质环境包括自然环境和人工环境，人工环境中建筑环境与行为的关系是环境心理学的研究重点。具体而言，环境心理学的研究主要集中在以下几个方面：① 环境对人的心理和行为的影响，涉及拥挤、噪声、空气污染等方面；② 环境因素对人的工作与生活质量的影响，涉及建筑设计与城区规划等方面；③ 环境与人的行为的交互作用，涉及环境压力、应激反应、环境负荷等方面；④ 人的行为对周围环境与生态系统的影响，涉及环保行为和其心理学研究；⑤ 环境心理学与自然、社会的可持续发展问题。环境心理学研究具有多学科交叉性，不仅涉及生理学、心理学、建筑学、环境学，而且与人类学、社会学、地理学等都有密切联系。

在环境心理学的发展历程中，从早期有关环境因素对人的心理和行为影响的研究逐渐转为周围环境对人的工作与生活质量影响的研究。环境心理学家在城区规划和建设、居住和公共建筑等方面的研究显著影响了 20 世纪 90 年代西方发达国家的居住环境和公共设施的设计，包括学校、医院、监狱等。一个好的环境设计既要满足受众的生理需求，也要满足其心理需求。这种心理上的满足包括许多方面，如人们对安全感、尊重、美感、好奇心的需求等，概括起来有以下几个方面：

（1）彰显场所特性。场所特性是指不同类型的场所本身具有的特征以及这些特征对人心理的影响。在环境设计中，场所特性对人有极强的暗示效果，在什么地方做什么事，是人们共有的心理规律，如在茶舍喝茶比在家中喝茶更有兴致。

（2）创造审美体验。这种美感既包括一定的形式感，也包括心理价值。人们在场所中会产生审美体验，如教堂、庙宇这类场所给人神秘而深远的美感，花园、庭院给人亲切而雅致的美感，办公室、会议室给人严肃而理性的美感。

（3）使人感到安全。根据马斯洛提出的需求层次理论，生理需求与安全需求都是人类的基本需求。在环境设计中，首先应考虑环境的安全性，既要保证其功能层面的安全，也要保证给人心理上的安全感。

（4）使人心理放松。大量的行为主义心理学研究实验表明，人在舒适的环境中更容易得到身心的放松。这就是为什么拥有良好视野和独立户外空间的住宅、办公室或酒店，更容易得到受众的好评。

（5）使人感到新意。在陌生的环境中人们的感官更加集中，感觉更加敏锐，审美系统更容易被激活。与熟悉的场景相比，创新的设计更能满足人们求新求奇的欲望。例如，许多人喜欢外出旅行，就是为了体验不一样的风土人情。

1.8 什么是人体工程学？

大多数人都听说过人体工程学，认为它是与座椅或者汽车控制和仪表设计有关的学科，然而它所涵盖的范围远大于此。人体工程学又称为人机工程学、人类工效学，是一门建立在解剖学、生理学、心理学、人体测量学、人体力学、统计学、工程学、设计学等多个学科基础上的综合性学科。国际人类工效学学会 IEA 将人体工程学定义为："研究人在某种工作环境中的解剖学、生理学和心理学等方面的因素；研究人和机器及环境的相互作用；研究人在工作中、家庭生活中和休假时怎样统一考虑工作效率以及人的健康、安全和舒适等问题的学科。"

人体工程学并不完全是现代社会的产物，而是从历史上的工具制作、住宅建造等行为中自然发展起来的。为了满足和适合人体的要求，在早期的工具、用品、建筑设计中已经开始考虑人的因素，如尺寸、高低、便捷等。然而，初期的人体工程学的应用侧重于如何让人适应工作和器械，满足行为的需要。随后，人体工程学的研究和应用重点转变到使机械和程序适应人的要求。第二次世界大战中，许多复杂的新机械和新武器被发明出来，这就需要对操作者的认知和操控能力有更深入的研究。新机械和新武器的设计必须考虑到人类表现的极限，最大限度地开发人的决定、关注、警觉、配合等能力。"二战"以后，人体工程学的研究从扩展人的肌肉力量转移到扩大和增强人的思维力量方面，使设计能够支持、解放、扩展人的脑力劳动，研究对象也从单个仪器或比较小的系统拓展到整个的工作环境和工作系统，应用领域也从军事装备为主大量转入工业、消费品、软件等人们生活中的方方面面。

现代生活中，人体工程学越来越广泛地应用于室内设计，实现安全、健康、高效和舒适的目标。以办公空间为例，美国职业安全与健康研究所 NIOSH 的调查表明，使用电脑办公的人员，普遍会受到肌肉骨骼损伤、重复性运动损伤和眼睛紧张性伤害。电脑屏幕与身体的距离不当，容易造成皮肤粗糙、脸色发白、眼神木讷、皮肤干燥、痤疮、肌肉僵硬等危害；屏幕低于眼睛水平线，容易造成颈椎生理曲度改变，进而刺激颈管内神经或血管，引发颈椎病，甚至出现不同程度的侧弯。人体工程学在室内设计的应用（图 1-2），就是解决诸如此类的问题。室内设计中，通常从三个方面着手考虑：一是考虑空间尺寸，确定人体活动所需的三维空间；二是考虑物体尺寸，确定与人的形体尺寸匹配；三是考虑人体感官系统，满足视觉、听觉、触觉等要求，确保人能够高效、愉悦地工作。

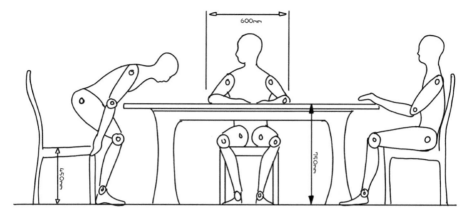

图 1-2　人体工程学应用示意图

1.9　什么是室内微生物污染?

　　建筑室内微生物污染主要以室内"生物性颗粒物"的形式存在并发挥作用,生物性颗粒物往往又称为"生物性气溶胶"。绝大部分的室内微生物属于不影响人健康的中性微生物。有害微生物如感冒病毒、嗜肺军团菌、生物毒素、微生物过敏原等,通过呼吸和接触进入人体后会引起各类呼吸系统疾病,是当前影响人类健康的主要因素。室内有害生物性颗粒物分为病毒、细菌、真菌、有害昆虫、宠物皮屑5类。按照作用机理,所致疾病可以分为以下两类:

　　感染性疾病为病原微生物(包括病毒性和细菌性颗粒物)感染人体所致的疾病,包括病毒性肺炎(例如 SARS、COVID-19)、流行性感冒、细菌性肺炎(例如军团菌)等。这类病毒的致病机理是感染,即活体病原微生物在吸入人体内后,在人体组织中生长、繁殖并释放出毒素,导致局部组织细胞的损伤和功能丧失,严重时会危及人体生命。

　　过敏性疾病为人体吸入过敏原(包括真菌、有害昆虫、宠物皮屑等)所致的疾病，包括过敏性哮喘、过敏性鼻炎、过敏性肺泡炎等。这类疾病的致病机理主要是过敏。所谓"过敏原"或为有生命的微生物，或为它们的代谢产物等。在这些疾病中，过敏性哮喘危害很大，猝死是过敏性哮喘最严重的并发症，因其常常无明显先兆症状，一旦突发往往来不及抢救而导致死亡。

室内微生物群落的组成和多样性是室外空气、建筑本身（包括通风策略、水分含量等）和居住者之间动态作用的产物。人是室内空气中微生物的重要来源，空气中总细菌浓度可达室外的几十倍，而人贡献的致敏真菌可占到室内空气中总数的 80%。室内空气、各种物体表面及供水系统里，都存在大量微生物。例如，地板和床是室内微生物群落最丰富及含量最多的表面，婴儿爬行引起地板上沉降微生物的再悬浮，导致婴儿呼吸高度上的真菌和细菌水平高出成人呼吸高度的 8～21 倍。室外空气中的微生物也是室内微生物的主要来源，其含量取决于地理位置、周边地貌、气候和季节。建筑的通风和渗透可将室外微生物引入室内，窗户有效开度越大，自然通风量越高，室内外微生物群落分布越类似。室内空气中微生物对人体健康的主要威胁是机会性致病微生物，如流感病毒、结核分枝杆菌、曲霉菌、嗜肺军团菌等。当室内环境中存在呼吸道传染病患者时，病人的呼吸道活动，包括正常呼吸、咳嗽、喷嚏、说话等，均会呼出携带大量致病菌的飞沫，通过空气传染给他人。例如，流感患者呼出的飞沫中可携带大量的病毒，约为 5 万个 /30min。

1.10 什么是病态建筑综合征？

病态建筑综合征（Sick Building Syndrome，缩写为 SBS）一词诞生于公共卫生领域，最初用于诊断在部分建筑物中普遍出现的呼吸和中枢神经系统症状，如黏膜刺激（包括喉咙、眼睛和鼻子刺激），哮喘和类似哮喘的症状（包括胸闷、喘息），皮肤症状（包括瘙痒、干燥和红斑），感觉刺激（主要是气味），神经毒性作用（包括头痛、疲劳、注意力减退）以及部分心理症状（包括紧张易怒、悲观情绪），如图 1-3 所示。WHO 与美国环保总署 EPA 对病态建筑综合征的定义为：一类非特异性症状或反应，在某些建筑物室内的工作人员新发生的不明原因的一些疾病症状或不适感，这类症状可以随着人们在这些建筑中逗留时间的延长而加重，也会因离开这些建筑物而得到改善或消失。

图 1-3　病态建筑综合征示意图

病态建筑综合征的病因尚未完全研究清楚，通常不能归因于暴露在某种已知的污染物中或通风系统缺陷。一般认为，病态建筑综合征是由多个因素引起的，而且涉及不同的反应机理。这些因素包括：① 化学因素。烟草烟雾、甲醛、化学杀虫剂、黏合剂、装修材料散发的挥发性有机化合物等。② 物理因素。温度、湿度、通风、噪声、人工照明、颗粒物等。③ 生物因素。细菌、霉菌、螨虫等病原微生物。④ 个体因素。心理处于压力状态，或在抑郁、焦虑时容易发生，女性与男性相比具有更高的危险性，生活方式（吸烟、嗜酒、卫生习惯、室内通风等）和工作方式（使用计算机、复印机等）的影响。在综合病因中，通风不足和空气污染物的作用占 60%。通风不足是发生病态建筑综合征的主要诱因。此外，新风系统本身存在引入外源性污染、滤芯释放污染物、运行不当等问题，也是导致病态建筑综合征的重要原因。

病态建筑综合征是"空调病"吗？虽然两者具有一定的相关性，但病态建筑综合征的成因更加复杂。我们常说的"空调病"，是吹空调后产生的一系列头痛、头晕、乏力、口干、皮肤干燥、鼻塞、流鼻涕、发热、咳嗽等不适症状的统称。导致空调病的主要原因是室内空气流通性差，致病微生物容易孳生和传播；室内外温差大，频繁出入，人体自身无法快速调节；室内空气干燥，皮肤、鼻黏膜、气管黏膜丢失水分，导致功能紊乱，产生呼吸道感染。而病态建筑综合征即使在非空调环境内也常有发生。

1.11 什么是主动健康？

主动健康是人类围绕生命健康价值创造展开的所有社会活动的总和，包括：从所有社会活动源头控制健康危险因素、在所有社会活动过程中创造健康价值、在所有社会活动环节积极应对人口安全危机等。作为一项关乎人类与地球福祉的社会创新体系建设，主动健康由主动健康的观念创新、文化创新、制度创新、技术创新和产业创新体系构成，是人人可以参与的以人与自然生命共同体为主旨的运动。

主动健康作为中国参与全球治理的新价值目标，其核心就是推动健康预期寿命与期望寿命尽量同步，缩小伤残调整寿命年，力争"归零"，从而实现中国传统文化倡导的五福之一："无疾而终"。最终，实现助力国家治理体系与治理能力现代化，从全民医保的中国迈向全民创造健康可持续发展的中国。

与传统被动医疗相比，主动健康的理念具有四个重要的转变。一是在服务理念上，从既往的"以疾病为中心"转变为"以健康为中心"；二是在服务对象上，从既往的"以患者为中心"转变为"以人为中心"，进而体现出全生命周期健康；三是在服务供给上，从既往"以医疗卫生服务机构为主的单一服务主体"转变为"卫生、体育、养老、教育等多主体协同为主的多元服务主体"；四是在服务内容上，从既往的"以疾病诊疗服务为主"转变为"涵盖预防、诊断、治疗、康复、护理、养生等全健康服务链条"。

主动健康服务模式具有以下六点共同的本质特性，即预防性、精准性、个性化、主动性、共建共享性和自主自律性。

（1）"预防性"是通过采取各种健康促进的综合措施以减少疾病的发生，在发病后通过及时诊治与康复以减少疾病的不良预后。

（2）"精准性"是指结合应用现代科技手段与传统医学方法，综合评估个体各类危险因素的暴露风险及其健康状态，通过高效、安全、经济的健康服务，使个体与社会获得最大化的健康效益。

（3）"个性化"是指通过面向个体的健康服务需求，使健康服务供给融合需方个体特性，从而提供多样化、多水平、有针对性的健康服务。

（4）"主动性"是主动健康的所有特性中最重要的核心要素，是指个体、行业和社会充分发挥主观能动性，围绕"以健康为中心"的理念，促进公众健康。

（5）"共建共享性"是指团结各行各业力量，统筹个人、行业和社会三个层面，将健康融入万策万业，形成强大合力，共同促进健康，实现健康的共建共享。

（6）"自主自律性"是指充分发挥个人主观能动性与积极性，人人坚持健康生活的方式，提升自我健康素养，实现人人享有健康。

无色无味的密码

——建筑里的空气和水

2.1　室内空气污染物有哪些?

室内空气污染物是指室内空气环境中会对人体健康产生不利影响的物质或因素。常见的室内空气污染物根据其特性,可分为化学性污染物、生物性污染物和放射性污染物三类。

化学性污染物依据化学组成,可分为有机化学污染物和无机化学污染物。WHO 依据有机化学污染物的沸点范围对其进一步作出了分类,包括极易挥发性有机化合物(VVOCs)、挥发性有机化合物(VOCs)和半挥发性有机化合物(SVOCs),见表 2-1。其中,甲醛、苯、甲苯、二甲苯等因其在室内空气环境中出现概率大、普遍浓度较高、潜在健康风险较大而受到更多的关注。常见的室内无机化学污染物主要为氨气(NH_3)、臭氧(O_3)和一些燃烧产物,如 CO、NO_x、SO_x 等。此外,颗粒物(如 PM_{10}、$PM_{2.5}$ 等)由于其附着或含有多种有机或无机化学污染成分,在我国《室内空气质量标准》GB/T 18883—2022 中也被归入化学性污染。

WHO 对挥发性有机化学物质的分类　　　　　　　　　　　　　表 2-1

分类	沸点范围(℃)	代表污染物
VVOCs	<0 至 50~100	醛类,如甲醛
VOCs	50~100 至 240~260	苯系物:苯、甲苯、二甲苯
SVOCs	240~260 至 380~400	邻苯二甲酸酯

室内生物性污染物主要包括细菌、真菌、病毒等致病微生物,以及花粉、尘螨、宠物皮毛屑等生物致敏性物质。放射性污染物主要指来自天然石材等释放的一些放射性物质,如放射性氡(Rn)等。

WHO 所属国际癌症研究所 IARC 对已进行致癌研究的化学物分为四类：一类致癌物，对人类为确定致癌物，对人体致癌性证据充分，共 120 种；二类致癌物，二类 A 组指对人类很可能致癌，目前对人体致癌性证据有限，但对动物致癌性证据充分，共 81 种；二类 B 组指对人类可能致癌，目前对人体致癌性证据有限，对动物致癌性证据也不充分，共 299 种；三类致癌物，对人类致癌性可疑，现尚无充分的人体或动物数据证明其致癌性，共 502 种；四类物质，对人类可能是非致癌物。

甲醛和苯被 WHO 认定为一类致癌物（确定致癌物），甲苯和二甲苯为三类致癌物（可疑致癌物），这几种污染物均被列入我国《室内空气质量标准》GB/T 18883—2022 中。由于 VOCs 包含的污染物种类众多，难以逐一进行筛查测试，通常我们把通过一定测试条件下可以测出的 VOCs 总量，即总挥发性有机化合物（TVOC）作为表征参数之一。实际操作中，把含 6~16 个碳原子的 VOCs 总和作为 TVOC，对其在室内空气中的浓度规定阈值加以限制。

2.2 室内空气污染物来自哪里？

室内空气污染的来源包括室外污染源和室内污染源。室外污染源基本为当地大气污染。室内污染源非常复杂，主要包括建筑材料与家具、电器与电子产品、生产工艺过程、日用化学产品、室内人员、厨房卫生间、空调系统设计或管理不良带来的污染等（图 2-1）。

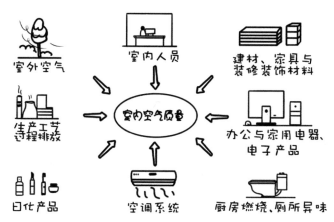

图 2-1　室内空气污染的来源

（1）室外空气污染源

室内空气污染与室外空气污染（表 2-2）密切相关，大气中的 $PM_{2.5}$、臭氧等污染物可以通过建筑通风或门窗等缝隙渗入室内。城市中室外大气最大的污染源首先来自交通和工业污染物的排放，其次是供暖与炊事燃料燃烧过程中的污染排放、垃圾与被污染的水产生的异味和有害微生物，最后还有地层放射性污染。近年来，花粉与树粉也成为造成人们过敏疾病的污染源。

典型室外污染物、污染源及主要健康危害　　　　　　　　　表 2-2

污染源	污染物	对人体健康的主要危害
工业污染物	NO_x、SO_x、颗粒物	呼吸病、心肺病和氟骨病
交通污染物	CO、HC	脑血管病
光化学反应	O_3	破坏深部呼吸道
植物	花粉、孢子和萜类化合物	哮喘、皮疹等过敏反应
环境中微生物	细菌、真菌和病毒	各类皮肤病、传染病
灰尘	各种颗粒物及附着的病菌	呼吸道疾病及某些传染病

（2）室内空气污染源

建筑装修装饰材料和家具是引起室内空气质量变差的一个重要原因，其释放的有机化学污染物包括 VVOCs、VOCs、SVOCs，有些也会释放氨等无机化学污染物（表2-3）。这些污染物释放源包括：人造板材及其家具制品；油漆、涂料或胶粘剂；壁纸和地毯；大理石、花岗岩、水泥、混凝土等。选择环保性能好、污染物释放低的建材家具，避免过度装修带来的建材和家具大量使用，保持室内通风，是防止此类污染的有效手段。

不同建材排放的污染物　　　　　　　　　　　　　　表 2-3

室内污染物	建材名称
甲醛	酚醛树脂、脲醛树脂、三聚氰胺树脂、涂料（含醛类消毒、防腐剂水性涂料）、复合木料（纤维板、刨花板、大芯板等各种贴面板、密度板）、壁纸、壁布、家具、人造地毯、泡沫塑料、胶粘剂、市售903胶、市售107胶等
VOCs	涂料中的溶剂、稀释剂、胶黏剂、防水材料、壁纸和其他装饰品
氨	高碱混凝土膨胀剂，含尿素与氨水的混凝土防冻液等外加剂
氡	土壤岩石中铀、钍、镭、钾的衰变产物，花岗岩、砖石、水泥、建筑陶瓷和卫生洁具

（3）电器与电子产品

电器与电子产品的使用也是室内空气污染的一个主要来源。打印机、复印机释放的有害颗粒、臭氧会威胁人体健康。电脑在使用过程中也会散发多种有害气体，降低人的工作效率。因此，在有较多电器持续运转的房间工作和学习，需要注意保持室内的通风和换气。

（4）空调系统

合理的空调系统设计和使用能够改善室内空气质量，但空调系统维护和管理不良不仅会积累大量污垢、灰尘，而且会孳生多种微生物，包括军团菌、霉菌、金黄色葡萄球菌和过敏原，从而产生异味，并通过空调送风口进入室内危害人体健康。例如，新风或空调系统的滤网、过滤器如果长期未做清洁或更换，都可能造成堵塞并积累大量菌尘微粒，在空调的暖湿气流作用下生长繁殖，并被气流带入室内，造成污染。

（5）厨房烹饪

厨房烹饪过程是室内空气化学性污染的主要来源之一。烹饪油烟中含有大量固态颗粒物和黏度较大的液态颗粒物，化学组成有 200 余种成分，主要来源于油脂中不饱和脂肪酸的高温氧化和聚合反应。此外，厨房烹饪使用煤、天然气、液化石油气和煤气等燃料，会产生大量含有 CO、CO_2、NO_x、SO_2 等气体及未完全氧化的烃类——羟酸、醇、苯并呋喃、丁二烯和颗粒物。因此，在烹饪过程中应保持吸油烟机开启，并保证室内具有一定通风补风措施，维持吸油烟机可正常有效地运转。

（6）室内人员

吸烟是污染室内空气质量的主要人员活动因素之一。烟草的烟雾中至少含有三种危险的化学物质：焦油、尼古丁和一氧化碳。其中焦油以粒径 $1\mu m$ 以下的细微颗粒物的形式存在于烟雾中，是多种成分（包括苯并芘、亚硝胺、苯、镉、砷、β 萘、胺以及放射性同位素等）的混合物，在肺中会浓缩成一种黏性物质，其中苯并芘、亚硝胺、苯等均为有毒致癌物。

除了吸烟以外，室内人员可能产生的污染还有人体自身新陈代谢的废弃物。这些废弃物主要通过人的呼出气、大小便、皮肤上的有机物分泌与微生物分解等带出体外。室内人员密度越大，对室内环境的影响越明显。人体新陈代谢产生的化学物质共计有 500 余种，其中从呼吸道排出的有 100 余种，如二氧化碳、氨、苯、甲苯、苯乙烯、氯仿等污染物。伴随着呼吸，一些病毒和细菌也会通过气溶胶、飞沫等形式传播，如 COVID-19 新型冠状病毒、流感病毒、结核杆菌、链球菌等。此外，人体每天脱落的死亡细胞也是室内灰尘的重要来源。

（7）其他

除了上述途径之外，室内污染物的来源还包括清洁剂等日用化学品污染、燃烧式杀虫剂、饲养宠物带来的污染等。

你知道吗？

让一个人在门窗紧闭的 $10m^2$ 的房间中看书，3 个小时后，室内的 CO_2 浓度可增加 3 倍，氨浓度增加 2 倍。皮肤作为人体器官之最，其面积可达 $1.5\sim20m^2$，经其排泄的废物多达 271 种，汗液 151 种，这些物质包括 CO_2、CO、丙酮、苯、甲烷气体和毛发等。

2.3 空气污染对人体健康有哪些影响？

人一生中超过 90% 的时间在室内（包括建筑和交通工具等内部空间）度过。一个成年人每天摄入约 2.3kg 食品、2kg 水、15kg 空气，人体空气摄入质量约占摄入总质量（水、食物和空气）的 80%。一般来说，人体呼吸系统的免疫力比消化系统要脆弱很多。因此，室内空气质量对人的健康、舒适、工作和学习效率有很重要的影响。人暴露于室内环境中时，化学物质一般通过空气、灰尘、食物等进入人体，途径一般分为吸入、口入和皮肤摄入。室内空气污染物浓度、暴露途径和人接触污染物的时长是影响人体健康的重要因素。空气污染对健康的影响可分为急性危害和慢性危害。急性危害由人体短期内吸入大量污染物引起，症状表现为呼吸道刺激、咳嗽、胸痛、呼吸困难、头疼、呕吐、心功能障碍、肺功能衰竭等；慢性危害包括引发呼吸系统慢性炎症、免疫功能下降、加重慢性心脑血管疾病、加重过敏性疾病、增加肺癌风险等。下面列举几种室内典型污染物及其健康影响。

我国室内甲醛、苯系物等 VOCs 污染较为严重。甲醛能与蛋白质结合，对人体黏膜有刺激作用，吸入后可能会对呼吸道产生严重刺激。当空气中的甲醛浓度超过 $0.1mg/m^3$ 时，人会闻到异味；当浓度超过 $0.6mg/m^3$ 时，人的眼睛会感到刺激，咽喉会感到不适和疼痛；当浓度达到 6.5mg/m³ 时，会导致肺炎、肺水肿和头痛。长期接触低浓度的甲醛会引起慢性呼吸道疾病、女性月经紊乱、妊娠综合征，可能引起新生儿体质降低、染色体异常，甚至引起鼻咽癌。和甲醛一样，苯也被 WHO 国际癌症研究所确定为一类致癌物。苯在常温下可燃并带有强烈的芳香气味。由于苯的挥发性强，在空气中很容易扩散。苯主要通过呼吸道吸入、胃肠及皮肤吸收的方式进入人体。长期吸入高浓度苯会损害人的神经系统，急性中毒会产生神经痉挛甚至昏迷、死亡；在白血病患者中，有很大一部分有苯及其有机制品接触历史；妇女吸入过量苯后，会导致月经不调，卵巢萎缩等问题。

颗粒物污染也受到广泛关注。室内可吸入颗粒物以细微粒为主，粒径小于 7.0μm 的粒子占 95% 以上，粒径小于 3.3μm 的粒子占 80%～90%，而粒径小于 1.1μm 的粒子占 50%～70%，吸烟状态下空气中细颗粒浓度最高。颗粒物被吸入人体后由于粒径的大小不同会沉降到人体呼吸系统的不同部位，其中直径 10～50μm 的颗粒物沉降在鼻腔中，5～10μm 的颗粒物沉积在气管和支气管的黏膜表面，而小于 5μm 的颗粒物则能通过鼻腔、气管和支气管进入肺部并沉积。$PM_{2.5}$ 直径仅为头发丝的 1/20，常吸附并携带多种有害物质，可进入人体的支气管和肺泡，从而引发哮喘、支气管炎和心血管病等疾病，甚至癌症。有毒的颗粒物还可能通过血液进入肝、肾、脑和骨内，甚至危害神经系统，引发人体机能变化，产生过敏性皮炎及白血病等症状。另外，颗粒物还能吸附一些有害气体和重金属元素，进入人体后加剧危害健康。

中国疾病预防控制中心发布的数据显示，据不完全统计，我国每年大约有 6000 多人急性一氧化碳中毒，其中死亡 200 多人。CO 是一种无色无味的气体，具有极强的毒性，往往是燃料不完全燃烧的产物。CO 被人吸入后能够快速被肺吸收，和血红蛋白结合生成碳氧血红蛋白（COHb）。CO 与血红蛋白的结合力比氧气与血红蛋白的结合力大 200～300 倍，而 CO 与血红蛋白结合生成的碳氧血红蛋白比氧气与血红蛋白的结合更稳定，并且能置换氧合血红蛋白中的氧气，阻止了血液对氧的吸收和输送，使人体组织缺氧而发生机能伤害。深度中毒会使脑部受到永久性伤害，使中毒人员持续昏迷；由于心脏耗氧量很大，很容易受到损伤；其他的器官包括皮肤、肺以及骨骼肌肉也会受到不同程度的影响（表 2-4）。

暴露在不同 CO 浓度和不同时间长度下人体的受伤害程度　　表 2-4

CO 浓度（mg/m³）		COHb 浓度（%）	人体反应
229	1145		
1h	20min	10	运动负荷降低
7h	45min	20	呼吸困难，头痛
	75min	30	严重的头痛、无力、眩晕、视力衰退、判断力混乱、恶心、呕吐、腹泻、脉搏加快
	2h	40～50	意识混乱、摔倒、痉挛
	5h	60～70	昏迷、痉挛、脉搏变慢、血压降低、呼吸衰竭甚至死亡

2.4　什么是氡污染？

氡普遍存在于我们的生活环境中。氡是由放射性核素镭衰变产生的自然界唯一的天然放射性惰性气体，没有颜色也没有任何气味，是 WHO 认定的一类致癌物。自然界中，氡主要以 ^{219}Rn、^{220}Rn 和 ^{222}Rn 三种同位素的形式存在，前两者的半衰期都很短，对人体的影响比较小，^{222}Rn 对人体照射的影响较大。氡可以进一步衰变产生一系列的衰变产物，称为氡子体。在我们受到的天然辐射照射中，来自氡气及其子体的贡献占一半以上。

氡是仅次于吸烟导致肺癌的第二大诱因，长期生活在氡浓度高的室内可能诱发肺癌。通常情况下，在室内才有可能受到来自氡及子体的较大剂量的辐射照射。室内空间有限，尤其是在通风不畅的条件下，氡衰变产生的子体聚集，或氡子体黏附到尘埃颗粒或水分子上，会沉积在支气管上皮黏膜上。这些子体放出的 α 粒子，会诱发上皮细胞恶性转化，导致肺癌等疾病。研究表明，长期氡暴露，浓度每增加 $100Bq/m^3$，肺癌的风险就会增加约 10%。氡暴露与吸烟在致肺癌过程中存在交互作用。居住在氡浓度较高房间中的吸烟者和非吸烟者患肺癌的危险性存在显著差异，因为香烟不仅含有大量化学致癌物，还有放射性钋、放射性铅等，因此吸烟者因氡引起肺癌的危险性比不吸烟者高很多。

你知道吗？

氡对儿童的健康影响远大于成人。氡密度大于空气密度，易于在地板表面发生沉积，儿童身高偏低，呼吸频率快，易接触到更高浓度的氡。此外，儿童正处在发育阶段，细胞分裂速度快，免疫系统尚未成熟，更容易造成遗传损伤。

室内氡的来源包括建筑材料、房屋地基和周围土壤或岩石、室外空气和供水、天然气。氡的吸附能力较强，几乎能被所有的固体尤其是松散的多孔物质吸附，使得室内的辐射水平升高。建筑地基土壤和岩石中的氡可以通过底层断裂带和地下水的流动进入地表土壤中，再沿着土壤的空气扩散到室内，这是低层建筑室内氡气的主要来源；建筑材料中的镭衰变成氡气，通过对流或扩散逸出进入室内，这是高层建筑内氡气的主要来源。一般来说，低层住房室内的氡含量要高于高层，地下室的氡浓度要远高于地上的房屋。在部分氡元素富集的区域，地下水的氡含量要远高于其他地区。在采用地下水的地区，水体中氡的浓度通常高于采用水库等地表水源地区。

降低房间里的氡浓度可采取如下措施：一是在购房时查看房屋的室内环境检测报告；二是装饰装修时，选用低放射性的石材和瓷砖。同时也要注意材料的合理搭配，防止放射性材料使用过多；三是地下室和一楼等氡浓度较高的房间注意填平，密封地面和墙面裂缝，减少氡析出；四是做好室内通风换气，开窗可明显降低室内氡浓度，一般可降低 1~2 倍；五是氡浓度超标的房间可委托有资质的室内环境检测单位进行检测，明确污染程度，采用具有高效过滤装置的空气净化器降低室内氡污染。

2.5 什么是臭氧污染?

　　臭氧在常温条件下是一种具有刺鼻气味的淡蓝色气体，具有很强的氧化性和化学活性，近年来已经成为我国许多城市大气环境中的主要污染物。在接近地面的地球低层大气中，来自汽车尾气、发电厂、化工厂和其他来源等排放的污染物在高温和太阳光的照射下发生化学反应，形成臭氧。室内的复印件、打印机、静电式过滤器、臭氧消毒器、水果蔬菜消毒清洗机和紫外线消毒机等室内电器设备，在工作过程中通过电离、紫外线照射和高温等方式会产生臭氧。

你知道吗?

　　空气中的臭氧浓度达到 $0.294mg/m^3$ 时，80% 以上的人都会感到眼和鼻黏膜刺激，100% 的人出现头疼和胸部不适。我国在《室内空气质量标准》GB/T 18883—2022 中限定了臭氧浓度的上限为 $0.16mg/m^3$。最近的研究从分子水平阐明了较低浓度室内臭氧对心肺健康的影响机制，即使在低浓度臭氧暴露下，依然可观察到其对儿童心肺健康的短期不良影响。

　　超过一定浓度的臭氧对于人体健康会带来较大的危害。臭氧具有很强的氧化性，当臭氧吸入人体后，能够迅速地转化为活性很强的自由基——超氧基，使不饱和脂肪酸氧化，从而造成细胞损伤，进而引起上呼吸道的炎症病变。臭氧对肺组织具有刺激作用，能破坏肺的表面活性物质，引起肺水肿、哮喘等；对人的眼睛、黏膜、皮肤也有刺激作用，导致人体的视力下降甚至失明，加速人体皮肤衰老；破坏人体血液循环组织功能，对人体甲状腺功能、骨骼、免疫机能等造成影响，也可能诱发淋巴细胞的癌变或畸变，甚至可能干扰孕期胎儿的正常发育；损害人体心血管系统及心脏功能，臭氧浓度的短期或长期暴露与人体心血管疾病发病率和死亡率息息相关。

臭氧具有强氧化性，常被用来杀灭空气中的细菌和病毒，但需注意不应在有人逗留期间使用，避免对人的健康造成损害。由于臭氧的化学特性，很容易与室内建筑材料、物件和人体表面发生反应和迅速分解，从而降低室内环境中的臭氧浓度，但与此同时也可能会形成危害更大的二次污染物。那么如何降低室内空气中的臭氧浓度呢？常见的臭氧去除技术包括活性炭吸附、高效催化分解等，可以将臭氧去除净化材料制作于家用空气净化器或者新风系统中，通过室内空气循环净化的方式或者通过洁净新风稀释的方式降低室内臭氧浓度。

2.6　室内霉菌污染对人体健康有哪些影响？

空气中的霉菌、细菌和病毒一样同属于微生物污染，都可能造成严重的经济和生命损失。霉菌，即丝状真菌，约有45000种。常见的有根霉、镰刀菌、麦角菌、毛霉、脉孢菌、黄曲霉、青霉、烟曲霉、寄生曲霉、米曲霉等。不是所有的霉菌都是致病菌，我们要特别防范的是那些会对人体造成伤害或会腐蚀物品的霉菌污染。

霉菌在建筑中较为常见，多分布于空气中、物体表面、建筑墙体表面和内部，当肉眼可见霉斑或闻到霉味的时候，说明霉菌污染已经十分严重了。霉菌可以在纸制品、纸板、天花板和木制品上生长，也可以在灰尘、油漆、墙纸、地毯、织物和其他室内装饰装修材料中生长，使建筑物表面形成难看的色斑，影响美观；使墙体粉刷层起鼓，漆膜或乳胶层脱落、腐蚀；使木质材料腐烂，腐蚀钢铁材料，损害建筑结构。霉菌易在潮湿的地方孳生、繁殖，比如在我国南方的梅雨季和北方的供暖季，经常在墙壁、窗户周边、台面、屋顶、管道等地方出现。高湿高热的地区和密闭的环境，是霉菌生长的重灾区，如地下室、地下车库、酒店、卫生间、与厨房或卫生间相连的墙面等各种通风不良的区域。据统计，在欧洲受霉菌污染损害的建筑物的比例为45%，在美国为40%，在加拿大为30%，在澳大利亚为50%。

你知道吗？

WHO 的研究表明，儿童、老人、体弱或易过敏的人对霉菌更敏感。早期霉菌暴露易引发儿童哮喘，免疫抑制或具有潜在肺部疾病的人更容易受到真菌感染，慢性阻塞性肺疾病、哮喘等慢性呼吸系统疾病患者可能会出现呼吸困难。

霉菌不仅会污染室内空气，降低建筑物的使用性能和寿命，同时会通过呼吸道进入体内，对建筑使用者的身体健康带来严重危害。长时间待在霉菌污染的室内环境中，人们会表现出不适感，最常见的症状有鼻塞、咳嗽、头痛、胸闷、鼻炎、咽喉炎、易疲劳、烦躁、眼睛或皮肤发红发痒等。霉菌毒素对人的主要毒性表现在神经和内分泌紊乱、免疫抑制、致癌致畸、肝肾损伤等方面。

2.7 如何减少室内霉菌污染？

影响室内霉菌生长的主要因素包括温度、湿度、基质以及暴露时间。主要的控制措施包括：

控制湿度。湿度是霉菌生长和繁殖的关键条件，影响孢子萌发、菌丝生长以及霉菌毒素的产生。WHO认为相对湿度超过80%会导致建筑环境中霉菌大量孳生。日常控制湿度的方式包括：保持建筑通风，避免水蒸气在局部聚集（图2-2）。淋浴间、洗衣房和烹饪区开窗或开排风扇及时通风；及时清洁，保持地板、墙纸、地毯、家具、台面和水槽等表面干燥；及时修复漏水的屋顶、窗户和管道，被水侵蚀过的地方应彻底清洁和干燥；湿度大的房间或区域（如浴室或地下室）不使用地毯或吸水性大的产品；采用空调或除湿机将室内空气相对湿度保持在较低的水平；对于空调通风系统等易发霉的区域，应定期清洗、检查空气过滤器等。

图2-2 保持建筑通风，避免水蒸气局部聚集

选用防霉材料。如果建筑处于湿度比较高的环境中，可以选择一些具有抗菌防霉功能或湿度调节功能的建材产品。具有抗菌防霉功能的装饰装修材料可选择的种类很多，包括涂料、无机装饰板、人造板、壁纸壁布、家具、瓷砖、厨卫台面、地毯等。这类装饰装修材料能够有效地抑制或杀死落于表面的致病菌或霉菌，从而降低霉菌污染的风险。具有湿度调节功能的建材是利用多孔材料对空气中水蒸气感

知并吸放，在一定范围内调节室内空气湿度的建筑材料。调节湿度的建筑材料类型有涂料、墙板、天花板等。

正确除霉。如果室内已经受到霉菌污染，应及时清除或更换发霉的物品，尤其是多孔吸水物品，一旦霉菌开始生长，无法彻底清除。当受霉菌污染较轻或面积较小（小于1m²）时，可自行用漂白剂、醋、氨、过氧化氢、小苏打或商用除霉剂（如除霉啫喱）等除霉。这些方法有助于减轻表面的霉菌，但无法减轻空气中的霉菌孢子。除霉过程要注意安全防护：① 戴无孔手套和戴防护眼镜。② 切勿将漂白剂与氨或其他家用清洁剂混合，漂白剂与氨或其他清洁产品混合会产生危险的有毒烟雾。③ 开窗通风，保持空气流通。如果霉菌污染严重，则需请专业机构清理、消杀或修复。

2.8　如何装修才能"健康呼吸"？

在室内装修时，建筑材料和家具制品的使用会向室内空气释放甲醛、VOCs等污染物，通常室内VOCs的浓度是室外的2~10倍。预防和控制室内VOCs等空气污染，保障家庭室内空气中甲醛、苯系物（苯、甲苯、二甲苯）、总挥发性有机化合物（TVOC）、氨、氡等主要污染物浓度及新风量满足现行国家标准《室内空气质量标准》GB/T 18883—2022 的要求是健康居室环境的重要前提。

（1）预防和控制室内装修污染最有效的方式是从污染源头予以控制。室内装修中的甲醛主要来自人造板材、油漆和乳胶漆等涂料。板式木制材料因其中的甲醛主要来源于胶黏剂，往往来自材料内部，导致大部分释放过程是长期持续且缓慢的，很难完全去除。此外，甲醛作为重要的纺织品整理剂，可以提高纯棉纺织品的硬挺度和色牢度，家居用品中的窗帘、桌布、抱枕等布艺制品常含有甲醛。相比之下，布艺制品中含有的甲醛可利用甲醛溶于水的特性，通过洗涤的方式进行去除。

苯系物等 VOCs 的来源广泛，存在于装饰装修材料和板材的粘合剂、胶、油漆、涂料的溶剂和添加剂中。与释放周期可长达十几年的甲醛不同，苯系物的挥发速度一般较快。

在装修环节中，我们应有意识地避免造成污染物浓度过高的装修方案。首先，需要选择污染物释放符合国家标准限量、具有健康环保认证的材料和制品（图 2-3），尽量选择低污染物释放的产品或材质，如选择实木板材、塑料、金属等替代人造复合板材，选择水基型胶黏剂和水性墙面涂料等。其次，避免过度装修。即使装修材料、制品均满足相关标准，但如大量使用，其释放的污染物产生叠加后，仍可能造成室内空气污染物浓度超标。装修越复杂，家具产品摆放越密集，室内污染物超标风险越高，因此在装修中应减少不实用的装饰，从根本上减少室内空气污染的释放源。

图 2-3　选用绿色健康的装饰装修材料

对于由房地产公司新建并统一进行精装修或全装修的建筑，可以通过采用室内空气质量设计评价或预评价的方法实现对室内空气污染防患于未然。我国《健康建筑评价标准》T/ASC 02—2021 和《公共建筑室内空气质量控制设计标准》JGJ/T 461—2019 等在工程设计阶段就对室内空气质量预评价的要求和方法作出具体规定，并提供了配套的室内空气质量预评价软件。

你知道吗？

　　建材和家具中 VOCs 的释放速度与环境空气中其浓度有关：当空气中浓度较低时，VOCs 可向空气中快速自由释放；当环境中 VOCs 浓度达到一定程度时，建材表面的释放和吸附达到平衡，表现出的结果就是释放"停止"。因此，保持室内持续通风，是最快捷有效的装修污染去除方式。"先闷后放"的通风方式，会使污染物在室内积累，浓度较高，反而可能抑制污染物的释放。但冬季通风放味，持续通风可能使室内温湿度过低，不利于污染物的释放，可适当采用闷放交替的方式，在维持室内温湿度的基础上促进污染物的释放。

　　（2）在装修过程中或完成后，应注意保持室内通风。通风是去除室内空气中甲醛等污染物最有效的方法，而自然通风性价比最高。对于自然通风条件好的房屋，建议每天都要保证一定的通风时间。对于自然通风条件不好，或是处于室外空气污染严重地区的房屋，可以选择工业风扇或安装新风系统等方式作为辅助，保障室内外空气交换。高温高湿条件下甲醛、VOCs 等气体会加速释放，对装修进度进行合理安排，在温湿度较高的夏季前完成装修进行放置通风，可以提高污染物的去除效率。在使用加湿器、空调、暖气、风扇等人为方式创造释放和通风条件时，应注意方式方法，使用过度会损害建材或家具的质量，造成发霉、开裂等问题。

　　（3）采用空气净化手段辅助控制装修污染。空气净化器可在一定程度上辅助去除装修污染。目前市面上可以达到去除甲醛、VOCs 功能的空气净化器，主要依靠活性炭滤网对污染物进行吸附，或通过释放臭氧与甲醛结合发生化学反应，将甲醛分解为二氧化碳与水。前者需要注意定期更换滤网，防止吸附饱和后重新释放形成二次污染；而后者存在臭氧泄漏的风险，对人体健康同样造成危害。通常我们使用洁净空气量（CADR）和累积净化量（CCM）作为指标来选择空气净化器。CADR代表净化设备针对某污染物（颗粒物或VOCs等气态污染物）一小时内可"完全清洁"的空气体积；CCM代表了净化设备净化能力衰减一半时净化的污染物的总量，反映了设备净化材料的使用寿命。选择空气净化设备时，应根据我们想要去除的污染物类别和房间的尺寸选择适宜的产品，综合考虑室外污染情况、设备噪声、节能等因素。

2.9　病毒和细菌可以跨楼层传播吗？

2023年1月6日，《中国疾病预防控制中心周报》中相关研究结果表明，在多层和高层建筑中，新冠病毒气溶胶可通过"厕所冲水—排污管道—水封失效的地漏"的路径在建筑物楼层之间垂直传播。该研究对北京2022年9月末至10月初一处被用作隔离阳性感染者的高层建筑单元进行了现场勘测，并使用新冠病毒类似颗粒做成气溶胶进行了模拟实验。结果发现，当位于4层卫生间的马桶冲水时，楼层中连接到同一污水道的地漏都会产生压力波动，导致气溶胶在污水道中形成湍流，并在管道空腔中积聚，通过水封失效的地漏扩散到其余连接在同一管道上的卫生间，实现跨楼层传播。马桶冲水次数越多，气溶胶中的新冠病毒类似颗粒就越多。即使马桶没有冲水，气溶胶也可以通过浴室中水封失效的地漏传播入其他房间。如果一些房间无存水弯和水封地漏，或者其存水弯干涸，水封失效，便会给病毒流传的机会。此外研究者还观察到，在排气扇打开的情况下，当4楼卫生间的马桶冲水后，5楼、10楼、19楼、27楼的对应房间中均能检测到类似的新冠病毒颗粒，如果关闭卫生间的排气扇,病毒仅散播至 5 楼。需要强调的是,这是一项定性研究,旨在确认气溶胶传播途径的存在,没有调查感染的风险。

你知道吗?

水封,是指设在卫生器具排水口下,用来防止排水管道中气体窜入室内的一定高度的水柱,通常用存水弯来实现。存水弯是排水系统的重要部件,是排水管下的一段弯曲或 S 形的管道。从水槽下灌的水流具有足够的压强穿过存水弯,并从排水管排出,而此后在存水弯中会滞留一定量的水,形成水封。

卫生器具排水过程中,由于水流速度快,排水管道内会产生气溶胶,水封一方面可阻止气溶胶和臭气通过排水管返回室内,保证室内环境卫生;另一方面可通过一定高度的静水压力来抵抗排水管内的气压变化,有助于保持整个排水系统的稳定。日常生活中会因自然蒸发、管道内气压波动等原因造成水封被破坏,无法发挥作用。因此,装修时应选用合格的地漏,洗衣机部位选用防止溢流和干涸的专用地漏。洗脸盆、洗涤盆等用水器具排水软管插入排水管口时,应采用专用封堵配件密封。同时,不随意更改设计图纸确定的卫生器具位置。

该通过什么样的方式降低传染病病原体在建筑物内跨楼层传播呢? ① 排水管路安装存水弯和水封地漏;② 存水弯和地漏水封高度不低于 50mm,定时注水,并确保地漏排水组件之间的密封性。如果地漏没有水封条件,推荐用装满水的塑料袋覆盖在地漏上或对其进行密封;③ 排水系统通气管不被堵塞,维持马桶冲水时管道和大气之间的压力平衡;④ 经常开窗通风。如果没有,在保证地漏水封密封的情况下,开启排气扇通风换气。

2.10　如何应对电梯内的病毒感染风险？

电梯是一个空间密闭、狭小且人员密集的场所，乘员之间难以保持安全的社交距离。当病毒携带者乘坐电梯时，呼出的病毒颗粒会在空气中混合形成气溶胶。小粒径的病毒颗粒能长时间悬浮于空气中，乘员吸入此类病毒颗粒有可能被感染；大粒径的病毒颗粒会沉降到电梯按键或墙面，乘员在触碰表面时会在手上附着病毒颗粒，此时若用手接触了嘴、眼、鼻等黏膜表面，同样会产生感染风险。因此，在病毒疫情流行期间乘梯时，为了降低受感染的风险，个人和管理部门应高度重视并采取有效的防护措施。

对个人自身而言，等候及乘坐电梯时，首先需要规范，全程佩戴一次性医用口罩，并与其他乘员尽量保持一定距离。当搭乘电梯人员较多或发现其他等候者存在咳嗽等可疑症状时，应等待下一趟电梯，错峰出行，避免同乘。乘坐电梯时，个人需注意咳嗽礼仪，咳嗽时应使用一次性纸巾遮住口鼻，并妥善丢弃，手边没有纸巾时，应用肘袖遮住口鼻，减少呼出飞沫在电梯内的传播。应尽量避免与周围乘客的谈话交流，更不可在电梯内进食。按电梯按键时，避免手与按键的直接触碰，可使用一次性纸巾包裹手指接触按键，或用一次性牙签、棉签等硬质物体代替手指触碰按键，使用过的纸巾、牙签、棉签等应丢弃在指定医疗垃圾箱内，不得随意丢弃。离开电梯后，及时进行手部清洁，可选用洗手液加流动水洗手或使用含有酒精的免洗手消毒剂，避免手部携带的病毒传播。

对电梯管理部门而言，在每日开始运营前和结束运营后，均应对电梯内部、按键、风机进行彻底清洁和适当消毒，并做好消杀记录。在电梯运营期间，间隔2～4小时对电梯墙面、按键、扶手等高频接触部位进行消毒。当电梯表面存在肉眼可见的污染物时，完全清除污染物后再消毒，可选用1000mg/L的含氯消毒液或500mg/L的二氧化氯消毒剂进行全面喷洒，作用20分钟后用清水擦拭干净。电梯内的轿厢风扇需时刻保持开启状态以保证电梯内部空气的流通。电梯内应张贴简明易懂的乘梯宣传材料，并放置抽纸、免洗手消毒剂等防护物资，指导和协助乘员做好个人防护。

2.11　厨房油烟有多可怕？

厨房油烟已成为影响室内空气品质的重要污染源，主要由烹饪油烟和燃料不完全燃烧的产物组成（图2-4）。研究表明，烹饪和吸烟都是居住环境内颗粒物污染的主要室内来源，其中烹饪占比甚至高达70%。测试数据显示，做饭时厨房$PM_{2.5}$平均浓度会提升几十倍甚至几百倍，同时会产生苯并芘、亚硝酸铵等多种致癌物质，通过呼吸道和暴露的皮肤进入体内，危害人体健康。

图2-4　可怕的厨房油烟

厨房油烟的危害主要表现为以下几方面：一是引发油烟综合征。厨房油烟可随空气侵入人体呼吸道，进而引起食欲减退、心烦、精神不振、嗜睡、疲乏无力等症状。医学上称为油烟综合征，这就是厨师做出许多美味佳肴后自己却没有"胃口"的原因。二是伤害人的感觉器官。研究表明，当食用油加热到150℃时，其中的甘油就会生成油烟的主要成分丙烯醛，它具有强烈的辛辣味，对鼻、眼睛、咽喉黏膜有较强的刺激，可引起鼻炎、咽喉炎、气管炎等呼吸道疾病。三是诱发肺脏等组织癌变。厨房油烟中含有一种被称为苯并芘的致癌物，苯并芘可导致人体细胞染色体损伤，长期吸入可诱发肺脏组织癌变。研究者在对肺癌发病情况的调查中发现，长期从事烹调的家庭主妇和厨师，肺癌的发病率较高。按照我国普通家庭做饭时长，每天暴露在厨房油烟环境中2～3小时，十年就可能超过7000小时。此外，厨房油烟还可能引发心血管、神经系统、生殖系统等疾病。

　　吸油烟机是控制厨房烹饪油烟污染强有力的手段，尤其对一些开放厨房来说更为重要，但吸油烟机的控烟效果会受到很多因素的干扰。实测研究表明，在室外补风不足（厨房门窗关闭）或室内气流组织不佳（如外窗补风直接吹扫灶台、厨房空调送风直吹灶台、烹饪过程人员移动干扰气流等）情况下，烹饪过程产生的$PM_{2.5}$油烟颗粒暴露水平可达约$1mg/m^3$，远超室外雾霾爆表时的浓度$0.5mg/m^3$。有学者的研究表明，目前市场上油烟机采用的是中央负压技术，捕集区域大约在吸风口下10～20cm，如果油烟机净烟能力较弱，就会导致残余油烟不断扩散到厨房。市面上主流的吸油烟机有侧吸式和顶吸式。一般来说，两种吸油烟机在相同的风量下排污效果差别不大，侧吸式吸油烟机安装的位置往往会更靠近烹饪器具和炉灶，水平位置相对于炉灶更靠前，对油烟散发的控制效果会更好。对于非开放式厨房，抽油烟机工作状态下的风量要保证在厨房体积30～50倍以上较为合适，而开放式厨房则需要更大的风量。此外，还可以采取佩戴口罩做饭、吸油烟机开启时打开厨房门保持通风、烹饪结束后保持吸油烟机运行5～15分钟等措施降低烹饪油烟污染。

2.12　如何选择空气净化器？

目前市场上的空气净化器品牌繁杂、型号多样、原理不同、功能各异，单台价格从几百元至上万元不等，给消费者的选择带来一定困难。空气净化器应用的净化技术包括：活性炭、负离子、臭氧、光触媒、等离子体、静电除尘、HEPA过滤和UV-C消毒等，通常采用以上一种或几种组合（图2-5）。

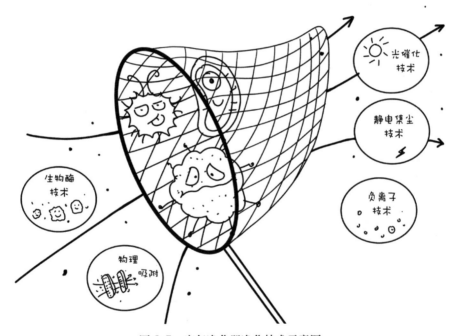

图2-5　空气净化器净化技术示意图

HEPA过滤技术在空气净化器中使用最广泛，对颗粒物去除效果明显，具有原理简单、过滤效率高、安全可靠、体积小、更换便捷等优势；活性炭作为一种多孔吸附材料，在空气净化领域应用也十分广泛；静电除尘技术无耗材，长期运营成本低，但由于高压静电场和臭氧产物等问题，应特别注意其电气安全性能和臭氧污染。以去除灰尘、烟尘、$PM_{2.5}$为主要目标时，可选用HEPA过滤和静电除尘技术；

以除味、除臭、除甲醛为主要目标时，使用活性炭技术简单、安全且基本有效，但与光触媒、等离子体技术相比，净化效果略差，且需要频繁更换活性炭滤网。光触媒、等离子体技术具有强大的净化能力，但在使用过程中其有害副产物较难控制。

空气净化器选型时将洁净空气量 $CADR$ 和累积净化量 CCM 作为重要参考指标。$CADR$ 越大，适用的房间面积越大，表示处理能力越强。但由于室内气流组织和污染物均匀度等问题，$CADR$ 大到一定程度后，将难以全面有效控制对应范围的空气质量，因此，大面积空间可以考虑多台净化器联合运行。空气净化器的适用面积可以通过 $CADR$ 进行估算：$S =（0.07 \sim 0.12）\times CADR$，其中 S 表示适用面积，单位为 m^2。例如，某空气净化器标注的 $CADR$ 值为 $400m^3/h$，适用面积为 $28 \sim 48m^2$。CCM 表征着净化材料的寿命，能够直观反映滤网做工材质的优劣并代表净化器品质的优劣，原则上 CCM 越大，滤芯可以用得越久。另外一项影响使用者体验的重要指标是空气净化器的噪声，尤其是在夜间运行时，对人的影响更为明显。净化器噪声受风道设计、机箱外壳、过滤网、电机等因素影响。即使同一款产品，同样分贝在低频和高频下对人耳的刺激不同，每个人的感受不同，在选购的过程中应该考虑对噪声的敏感程度和实际感受。

2.13 如何正确使用空气净化器？

购买了空气净化器并不意味着一劳永逸，可以享受健康的空气。如果使用不当，还可能导致室内二次污染。因此，正确地使用和维护至关重要。应该注意哪些方面呢？

（1）摆放位置正确。空气净化器应避免贴墙放置，与墙体和家具保持一定距离，周边保持空旷，在进出气口保持较好的空气流通性。因人员多、活动频繁的地方污染较重，因此空气净化器的摆放位置不宜离用户活动区域太远。

（2）运行时不应开窗，运行后应进行适当通风。使用空气净化器时应关闭门窗，降低室外污染物进入室内影响净化效果。但门窗长期密闭，缺少新风供应，会导致空气混浊等问题。因此，空气净化器运行时可以开启新风系统搭配使用，或者在室外空气污染物含量较低的时段应该适当开窗通风。

（3）及时清洗或更换滤材。使用过程中如果发现净化效果明显下降或开启净化器后有异味，应查看进风口、出风口和内部滤网，参考使用说明书及时进行清洗或更换。长期未使用的空气净化器再次开机使用前也应提前检查，避免造成空气的二次污染。

（4）开机大风运行，小风净化。运行前期建议在最大风量挡位运行 30 分钟后调至小挡位，以便快速净化室内空气。为了持续处理室内空气，净化器应长期使用，尤其是室外空气较差的时段。现在部分产品推出了空气质量监测、定时等功能，可以及时调整空气净化器的运行时间。

（5）与加湿器保持距离。北方秋冬季节，同时使用空气净化器和加湿器比较普遍。如果两者距离太近，滤芯容易受潮，孳生细菌，不仅会大大降低净化效果，还容易产生新的污染源，因此空气净化器应远离加湿器。

2.14 如何选择新风系统？

新风系统是为满足室内卫生要求、弥补排风或维持房间正压而向房间供应经处理的室外空气的系统，通常由新风主机、通风管道和室内风口等组成。新风系统能够提供新鲜而富含氧气的空气，降低房间内 CO_2 浓度；稀释室内空气中 $PM_{2.5}$、甲醛、苯和 TVOC 等污染物浓度，降低居住人员的健康风险；提供经过净化或除菌处理的清洁空气，确保送风的洁净度；回收排风中的能量，提升节能效果；对室外新风进行加湿或除湿调节处理，满足室内的湿度要求。因此，新风系统对于改善室内空气质量，保障人们居住健康具有重要的意义。

　　新风系统按照不同的送风方式分为单向流新风系统和双向流新风系统，前者为仅新风经送风机送入室内或仅排风经排风机排至室外的单一流向的新风系统，后者为新风经送风机送入室内的同时，排风经排风机排至室外的新风系统。其中热回收新风系统为一种常见的节能型双向流新风系统，新风和排风同时经过热交换芯体或新风和排风通过蓄热体实现排风热回收。

你知道吗？

　　热回收新风系统分为显热型和全热型，显热型新风系统在新风和排风之间只进行热量交换，全热型新风系统在新风和排风之间同时进行热量和湿量的交换。热回收新风系统在室内外温差较大的严寒和寒冷地区，或者室内外湿度差较大的气候区，具有较好的节能效果。

　　如何选择新风系统呢？① 新风量的大小应该满足房间内每人所需最小新风量或者达到房间最小换气次数的需求；② 应具备高效净化性能，至少能有效地去除室外空气中的颗粒污染物（如 $PM_{2.5}$ 或超细颗粒物等），甚至其他气态污染物（如工业废气、汽车尾气等排放的一氧化碳、氮氧化物、碳氢化合物和硫化物等），主要净化部件应具备抗菌性能；③ 新风主机的噪声也是关键指标，运行时不应干扰人们正常的工作和休息，最好选择有静音模式或者睡眠模式的新风主机；④ 从节能的角度考虑，可选择具备热回收功能和带有旁通功能的新风系统，在夏季和冬季回收利用排风中的能量，在温度适宜的过渡季节则开启旁通，降低电耗；⑤ 新风系统主机体积越小、质量越轻，越便于安装；⑥ 操控智能和数据可视。随着智慧家居的发展，新风系统的操控越来越智能和人性化，例如可以通过移动终端进行远程控制、室内空气质量（温度、湿度、$PM_{2.5}$ 浓度、CO_2 浓度以及其他污染物浓度）可视化、过滤器脏堵提示、根据室内外环境和个人喜好设置智能调节运行模式；

⑦ 使用维护的便利性，主要部件如空气过滤器、换热芯体和风机等的拆卸、维护和更换应简单易行。

2.15 家用空调过滤网多久清洗一次？

空调是人们广泛使用用于调节房间空气温度的家用电器，可以为我们提供舒适的工作生活环境。空调内有一个非常重要的部件"过滤网"，一般被安装在空调室内机的进风口，可以起到空气净化、杀菌、除臭和保护空调蒸发器的作用。

在空调使用过程中，过滤网上会逐渐积累大量的灰尘以及污垢，并孳生霉菌、尘螨等有害微生物。这些有害微生物随着空调的运转在室内循环、污染空气、传播疾病，严重危害人体健康，是重要的室内污染源。过滤网积尘后也会增加空调的出风阻力，使出风量减少，影响送风效果。此外，如果空调滤网特别脏的话，会导致灰尘沉积到空调的蒸发器表面，影响其换热性能，从而降低空调的制冷或制热效果，增加耗电量，并影响空调的正常使用寿命。

你知道吗？

空调过滤网是否具有清除室内甲醛的功能？随着科学技术的进步和人们对室内空气品质的要求越来越高，空调过滤网由最初的只具有过滤颗粒污染物功能向多功能转变，已经具备去除空气中甲醛等气态污染物的功能。对于新装修的房屋，具有除甲醛功能的空调过滤网，如蜂窝过滤网，冷触媒、光触媒过滤网、负离子过滤网等，经过测试都有很好的除甲醛和氨的功效。

那么日常维护时空调过滤网应该多久清洗一次呢？对于具有过滤网阻塞提醒功能的空调，当空调出现报警提醒时，我们应该及时清洗过滤网。不具有过滤网阻塞提醒功能的空调，如果是夏季或者冬季长时间正常使用空调的情况下，可以考虑每两周清洗一次过滤网。如果是在平时不经常使用空调或室内环境较好的情况下，可以考虑每个月或每个季度清洗一次过滤网。清洗时可用中性清洁剂以温水浸泡洗涤空调过滤网，然后以清水清洗干净并晾干即可。

2.16　生活饮用水污染有哪些？

生活饮用水是指人饮用和日常生活用水，包括个人卫生用水，但不包括水生物（如养鱼）用水及特殊用途的水。联合国儿童基金会 UNICEF 和 WHO 的报告显示，截至 2017 年，全球有大约 22 亿人喝不到符合卫生标准的水。全世界 80% 的疾病、50% 的儿童死亡与饮用水水质有关。饮用水质不良的水可导致 50 多种疾病，包括消化疾病、传染病、皮肤病、糖尿病、癌症、结石病、心血管病等。

生活饮用水污染包括生物性污染、化学性污染和物理性污染。生物性污染是指细菌、病毒和原虫等病原微生物及藻类毒素造成的污染。全球生活饮用水污染以生物性污染为主。在制定饮用水的微生物卫生安全目标时，来源于粪便的致病菌是最受关注的问题。根据统计，截至 2022 年，全球至少有 20 亿人使用的饮用水源受粪便污染。水中的微生物浓度常常变化快且范围大，致病微生物浓度在短期内达到峰值会大大增加疾病感染的风险，并可能引起水源性疾病的爆发。化学性污染是指无机污染物和有机污染物造成的污染。无机污染物主要指重金属、酸、碱和一些无机盐类，如铅、镉、砷、碳酸盐、硝酸盐和硫酸盐等；有机污染物主要指人工合成有机物（如有机农药）和消毒过程中形成的副产物。目前，市政供水的消毒方式主要为氯消毒，所产生的消毒副产物种类主要有卤代烷及二氯乙酸类。随着分析技术的发展，至今从原水中检出的化学物质已达 2500 种以上。物理性污染包括悬浮物污染、热污染和放射性污染。悬浮物是水中的不溶性物质，如泥砂、黏土等；热污染是工业冷却水直接排入水体引起的水温升高，导致溶解氧含量降低、某些有毒物质毒性增加等；放射性污染是天然或人为放射性物质存在于水中，可通过多种途径影响健康。水中最常见的放射性核素包括222Rn、226Ra、234U等。尽管在通常情况下，人体所接触的放射性核素极少来源于饮用水，但与饮用水中放射性物质相关的健康风险也应给予充分关注。

你知道吗？

饮用水基本卫生要求是什么？饮用水水质应确保饮用者终生安全，即每人每日摄入2.0L水，该水中含的物质限量确保饮用者终生安全。主要卫生要求包括：① 感官性状良好：透明、无色、无异味和异臭，无肉眼可见物；② 流行病学上安全：不含有病原微生物和寄生虫卵；③ 化学组成对人无害：水中所含的化学物质对人体不造成急性中毒、慢性中毒和远期危害。

饮用水应当无臭无味，否则会引起用户的反感。水中微生物、化学和物理成分可能会影响水的外观、气味或味道，尽管这些成分可能并不产生直接的健康影响，但高度浑浊、有明显颜色或者具有令人讨厌味道或气味的水，通常会被认为是不安全的。

2.17　二次供水污染是如何产生的？

二次供水是指市政供水的水量、水压无法满足建筑用水需求时，供水单位将来自集中式供水或自备水源的生活饮用水贮存于水箱或贮水池中，再通过机械加压或凭借高层建筑形成的自然压差，二次输送到水站或用户的供水系统。导致建筑二次供水系统的水质污染通常有两个原因：① 储水时间过长、储水设施疏于清洗维护、输配水管材选择不当等，导致水中细菌等微生物孳生；② 设施安装施工不当造成管道漏损、管道误接等，导致供水过程中的污染。

针对二次供水污染形成的原因，可以在设计和运行时采取预防、监测和处理等措施避免。① 预防：储水设施检修口加锁、通气管溢流管口设置防虫网，合理布置进出水口，杜绝"死水区"，缩短储水更新周期；选用耐腐蚀、强度高的供水管材避免漏损；设置管道标识避免误接误用；定期进行系统清洗、消毒和维护（图 2-6）；避免军团菌的孳生等。② 监测：设置水质在线监测系统，实时监测二次供水系统水质，并对监测数据进行存储、自动分析及事故报警，及时提醒管理者水质异常变化，采取有效措施，避免水质恶化事故扩大。此外，物业管理单位还应该定期对建筑二次供水进行取样送检，掌握水质指标的达标情况，并定期向用户公示。相对于水质在线实时监测，水质定期检测在指标方面更加全面，可以与水质在线监测互为补充和验证，杜绝水质监测的盲点。③ 处理：当建筑二次供水水质无法满足使用需求或水质恶化时，应设置水处理系统，可以通过消毒、过滤、软化等水处理技术实现对二次供水水质改善和提升。

图 2-6　监测二次供水系统水质并进行定期清理

2.18　水污染对人的健康有哪些影响？

水是生命之源，对人体健康至关重要。人的生命活动都需要水的参与。水是多种矿物质、葡萄糖、氨基酸及其他营养素的良好溶剂，参与体内物质转运，将营养物质运送到细胞内，同时又将代谢废物运走。水还可以调节体温。体内能量代谢产生的热会通过体液传到皮肤表面，经过蒸发或者排汗带走多余的热量保持体温恒定。此外，水还能起到润滑的作用，对人体的器官、关节、肌肉、组织等都能起到缓冲、润滑、保护的作用。关节润滑剂、唾液、消化道分泌的胃肠黏液、呼吸系统气道黏液、泌尿生殖道黏液的生成都离不开水。

水既是维持生命和健康的必要条件，又是许多疾病的传播媒介。饮用或接触受病原体污染的水会导致介水传染病的传播。如霍乱、痢疾、甲型和戊型肝炎、贾第鞭毛虫病和隐孢子虫病、血吸虫病、钩端螺旋体病等，这些疾病会通过粪口途径传播或皮肤黏膜接触传播。此外，一些水体中存在的微生物，如嗜肺军团菌，可以形成气溶胶，通过室内环境或空调系统进行传播，导致军团菌肺炎的发生。

你知道吗？

《生活饮用水卫生标准》GB 5749—2022 于 2023 年 4 月 1 日开始实施。该标准对水源、制水、输水、储水和末梢水均提出了控制性要求，进一步加强了从源头到龙头的供水全流程管控。与 2006 版标准相比，主要的变化是：① 更加关注饮水时的口感、舒适度；② 更加关注消毒副产物；③ 更加关注风险变化，有利于提高水质管控的精准性，有利于避免各地在部分检出率较低的指标上投入大量人力物力，有利于部分指标风险较高的区域视本地情况开展持续的评估、监测。

水体中天然存在的一些化学物质可以引起人体疾病，如水中氟含量过高引起氟斑牙和氟骨症，砷含量过高导致毛细血管和小动脉损伤，因多发于下肢远端脚趾部位，造成脚趾发黑、坏死，即俗称"黑脚病"。废水中的有毒化学物质如铅、汞、镉、酚、多氯联苯、有机农药等，可以通过生物的食物链富集达到相当高的浓度，导致重金属能够通过多种途径（食物、饮水、呼吸）进入人体，和蛋白质、酶等物质发生强烈的相互作用使它们失去活性，也可能累积在人体的某些器官中造成慢性累积性中毒，最终形成危害。WHO 调查表明，目前从饮用水中检出的 765 种有害有机物中，确认致癌物 20 种，可疑致癌物 23 种，致突变物 56 种，促癌剂 18 种。其中一些化学污染物还是环境内分泌干扰物，能改变人机体内分泌功能，危害机体及其后代。

水体的物理性污染也可直接或间接影响人的健康。如工业冷却水尤其是发电厂冷却水会导致水温升高、溶解氧含量下降，水中细菌分解有机物的能力增强，有毒化学物质、重金属离子化学反应增强，从而导致水生生物毒性增强，藻类繁殖能力增强，导致水体富营养化等，这些都会影响水质进而危害人的健康。除此之外，水体中的放射性污染物可以附着在生物体表面，也可以进入生物体蓄积起来，还可通过食物链对人产生内照射，影响人体健康。

2.19　如何判断饮用水水质？

日常生活中，公众判断水质好坏最简单的方法就是对水质的直观感觉，例如用肉眼观察水中是否含有悬浮物，是否有沉淀物质，进而观察水的浊度和色度。如果水的色度变深、浑浊、有异臭和异味，甚至有部分肉眼可见物，即使这些变化可能并不对人体产生直接的健康影响，也不符合生活饮用水水质的要求。当然，感官性状良好的水也不一定就是安全的，无色无味仅仅是水安全性的初步判断标准，准确的结论还需查看水质检测结果。与感官判断相关的指标介绍如下。

（1）色度。色度是评价水质感官质量的一项重要指标，饮用水水质标准规定色度不应大于15度。水的色度是对天然水或处理后的各种水进行颜色定量测定时的指标，天然水经常显示不同的颜色。腐殖质过多时呈棕黄色，黏土使水呈黄色，硫使水呈浅蓝色，藻类可以使水呈绿色、棕绿色、暗褐色等。

你知道吗？

　　饮用水水源类型分为地表水和地下水。地表水是靠大气降水，雪山融水经地面径流汇集而成，包括江河、湖泊、水库等；地下水是水在地层中渗透聚集而成，包括井水、泉水等。常见的饮用水有自来水、纯净水、矿泉水等。

　　纯净水。指以符合我国生活饮用水卫生标准的水为原料，通过电渗析法、离子交换、蒸馏法及其他适当的加工方法制得的，密封于容器中且不含任何添加物可直接饮用的水。可以认为，纯净水里只有水，基本没有其他物质。

　　矿泉水。矿泉水是从地下深处自然涌出的或者是经人工开采的、未受污染的地下水，含有一定量的矿物盐、微量元素或二氧化碳气体。也有部分非天然矿泉水是在纯净水基础上人工添加矿物质，一般添加硫酸镁和氯化钾。

　　自来水。自来水是将天然地表水或地下水经自来水厂通过预处理、混凝沉淀、过滤消毒等一系列净水工艺处理，检验达到现行国家标准《生活饮用水卫生标准》GB 5749的要求。普通自来水经过煮沸冷却后，硬度下降，我们一般称之为"凉白开"。

（2）浑浊度。浑浊度是反映天然水和饮用水物理性状的一项指标，表示水的清澈或浑浊程度，饮用水水质标准规定浑浊度不大于1NTU。天然水的浑浊度是由于水中含有泥沙、黏土、细微的有机物和无机物、可溶性带色有机物及浮游生物和其他微生物等细微的悬浮物所造成。较高的浑浊度会因颗粒物为水中微生物提供保护而影响水处理工艺，降低消毒效率。

（3）臭和味。饮用水水质标准规定是无异臭、异味。根据水的臭和味可以推测水中所含杂质和有害成分，被污染的水体往往具有不正常的气味，用鼻闻到的称为臭，口尝到的称为味。水中含氯化钠带有咸味，含硫酸镁带有苦味，含铁量高带有涩味。国内外常用液氯进行自来水消毒，为了保持自来水的消毒效果和避免在管网输送到户过程中的微生物污染，自来水管线末梢余氯在 0.05mg/L 以上，所以自来水常会有氯味。

（4）肉眼可见物。肉眼可见物是指水中存在的、能以肉眼观察到的颗粒或其他悬浮物质。水中含有肉眼可见物会影响饮用水的外观，表明水中可能存在有害物质或生物的过多繁殖，饮用水水质标准规定应无肉眼可见物。

（5）总硬度。硬度主要是指水中钙、镁离子的含量，分为碳酸盐硬度和非碳酸盐硬度，两者之和称总硬度。碳酸盐硬度主要是由含钙、镁离子的碳酸氢盐所形成，也含有少量的碳酸盐，经过加热煮沸可以沉淀除去，也称为暂时性硬度。烧水后容器中白色的水垢就是此类碳酸盐。非碳酸盐硬度是由含钙、镁离子的硫酸盐、氯化物和硝酸盐等盐类所形成，用加热煮沸的方法不能除去，也称为永久性硬度。饮用水水质标准规定总硬度不大于 450mg/L。

2.20 如何选择净水器？

随着水质净化技术的成熟和人们生活水平的提高，净水器被越来越多的家庭所接受和使用。为了甄别有效的净化技术，找到适合自己需求的净水器产品，需要对目前市场上净水器的净化技术进行对比分析。常见的净化技术主要包括以下几种。

（1）煮沸法。某些净水器带有加热功能，利用高温杀灭微生物。优点是可杀灭一部分细菌、病毒和原虫包囊；缺点是经过实际测量，净水器的加热功能很难使水温达到100℃，导致一部分致病菌和原虫无法被杀灭。

（2）有抑菌成分的过滤材料。在净水器的过滤材料上载有抑菌成分，如载银活性炭是将附载的银离子缓慢释放到水中，水体中银离子达到一定浓度时，起到抑制水中微生物繁殖的作用；碘树脂是利用释放碘离子达到杀菌目的；KDF水处理介质是一种体积形状不一的高纯度锌铜合金粒，可以释放锌离子而杀菌。优点是足够的抑菌离子浓度可抑制细菌和病毒的繁殖；缺点是抑菌离子的浓度很难控制，金属离子浓度过高会影响人体健康。

（3）臭氧消毒。利用高压电离或化学反应，使空气中的部分氧气分解后聚合为臭氧，臭氧为强氧化剂，通过氧化反应对水体中微生物起到灭活作用。优点是臭氧灭菌为广谱杀菌，可杀灭细菌繁殖体和芽孢、病毒、真菌等；缺点是臭氧在水中溶解度极低，杀菌时间长达20分钟以上，很难达到有效灭菌的浓度且极易扩散到空气中刺激人体呼吸道。臭氧为强氧化剂，对多种物品有损坏作用，氧化含有溴离子的原水时会产生潜在致癌物溴酸盐。

（4）紫外线杀菌技术。当紫外线照射到微生物时，一方面，可使核酸突变，阻碍其复制、转录及蛋白质的合成；另一方面，可破坏蛋白质分子结构，从而导致细胞的死亡。优点是采用物理原理杀菌，不需添加任何化学物质，杀菌效率可达99%～99.9%，对常见的细菌和病毒的杀菌时间一般只需数秒，而传统氯、臭氧等化学消毒方法一般需要20分钟至1小时；缺点是水体浑浊度对杀菌效果有一定影响。

（5）反渗透技术。反渗透技术是一项依靠孔径为万分之一微米的反渗透膜在压力下对水体中的杂质进行分离的净化技术。优点是可去除水中矿物质离子，并可滤除细菌、病毒和原虫包囊；缺点是不能保留水体中有益于人体的矿物质，并且会有大比例废水的排放。如不及时更换滤膜，滤膜上孳生的生物膜容易引起二次污染。此外，反渗透材料价格高，通量低，易堵塞。

（6）超滤技术。超滤膜是一种孔径规格一致，额定孔径范围为 0.001～0.02μm 的微孔过滤膜。在一定的压力下，当水流过膜表面时，超滤膜表面密布的许多细小的微孔只允许水及小分子物质通过成为透过液，而水体中体积大于膜表面微孔径的物质则被截留在膜的进液侧成为浓缩液，实现对原液的净化、分离和浓缩的目的。优点是水中的有益矿物质和微量元素可通过，细菌以及比细菌体积大得多的胶体、铁锈、悬浮物、泥沙、大分子有机物等都能被超滤膜截留下来；缺点是小于其孔径的病毒无法去除。

采用不同净化技术的净水器具有各自的适用范围和优势，建议公众在选择净水器时，结合水质情况和使用习惯，考虑各种净化技术特点按需配备。

2.21　有水垢的水可以喝吗？

水垢，一般是指水煮沸后所含的矿物质附着在烧水壶内壁和底部的白色片状或粉末状物质，反映了水体的硬度。各地水源水的硬度相差很大，最低的可在每升数毫克，最高的可达几千毫克。生活饮用水都存在不同程度的硬度，一般来说，以地下水为水源的自来水硬度相对较高，以地表水为水源的自来水硬度相对较低。

水中的硬度在维持机体的钙、镁平衡上具有良好作用，硬度过高对机体有不利的影响，但没有足够的研究证明水中钙镁离子等化合物有造成健康影响的最低或最高的浓度水平。钙离子的味阈值介于 100～300mg/L 之间；而镁离子的味阈值往往低于钙离子。高硬度的饮用水表现为味道"涩"，容易在烧水用具中结出水垢，烹调食物和冲泡茶饮品时口感差，且其含有的钙、镁与蛋白质结合，使肉类和豆类不易煮烂。水的硬度过高可引起输配水管网和储水系统的积垢；水的硬度过低，由于其缓冲能力低，可导致管道的腐蚀。WHO没有设置基于人健康的硬度基准值，欧盟、美国没有将硬度指标列入饮用水标准，日本、加拿大将总硬度限值定为300mg/L。

你知道吗？

　　WHO没有设置基于人健康的硬度基准值。但基于感官性状和公众对硬度指标的接受程度，以及硬度对输配水系统的影响，将水按硬度（以$CaCO_3$计）分为软水（低于60mg/L）；中等硬水（60~120mg/L）；硬水（120~180mg/L）；超硬水（高于180 mg/L）。一般认为，硬度适中的水是理想的饮用水。

　　在不同地区，公众对于水硬度的可接受度差异很大。人们改用硬度差别较大的水可引起胃肠道功能的暂时性紊乱，也就是常说的"水土不服"现象，但一般在短时间内即能适应。有人疑惑，喝了有水垢的水会得肾结石吗？有专家解释，当前还没有有效证据能够证明水垢会导致肾结石。水中能溶解的矿物质是有限的，就算是产生水垢的饮用水，正常人所摄入的量，也达不到能引起结石的浓度。并不是有水垢的水就不是"好水"，有水垢只是说明水的硬度较高。只要是经检验符合生活饮用水标准的水，即使烧开后有水垢，也是可以饮用的。

2.22　如何预防军团菌病？

　　军团菌属于需氧革兰氏阴性杆菌，主要存在于水（特别是热水）环境中，其中嗜肺军团菌最易致病，导致了90%以上的军团菌病。军团菌病的症状从轻微发热病症到可能致命的肺炎不等，包括非肺炎型的庞蒂亚克热和肺炎型的军团菌病两个不同类型。前者临床表现类似感冒，平均潜伏期为 36 小时，病程 3～10 天，为自限性疾病，可自愈。后者潜伏期多为 2～10 天，症状为发热、头痛、寒颤、咳嗽或痰中带血，胸痛和肌痛，部分病人有恶心、呕吐、腹泻、相对缓脉。有些患者尤其是儿童，可能出现精神神经症状如谵妄、幻觉甚至昏迷等，重症病人可能发生急性肾功能衰竭、休克或肺外器官感染。

军团菌的传播主要是通过环境传播而非人际传播，最常见传播方式是吸入受到污染的气溶胶。与军团菌传播有关联的气溶胶来源包括空调制冷塔、冷热水供应系统、加湿器、漩涡按摩浴池、浴缸、各种景观水及循环用水等（图 2-7）。目前尚没有可以预防军团菌病的疫苗。预防军团菌病的关键是建筑物供水系统和军团菌控制的规范性，包括定期清洗和消毒并采取其他方面的物理（温度）或者化学措施（杀菌剂），以最大限度减少军团菌的繁殖以及气溶胶的扩散。主要包括：① 对冷却塔进行定期维护、清洗和消毒，同时经常或者持续性添加杀菌剂；② 安装除水器，减少气溶胶从冷却塔向外扩散；③ 使冷热水系统保持清洁，并保持热水温度在 50℃ 以上（加热装置的出水温度等于或高于 60℃），冷水温度在 25℃ 以下（最好低于 20℃），或用适当的杀菌剂进行处理，控制细菌繁殖，特别是在医院、保健机构以及老年保健设施内；④ 在按摩浴池中保持诸如氯等杀菌剂的适当浓度，且至少每周对整个系统实施一次全面排水和清理；⑤ 每周对建筑物内未用的水龙头进行放水冲洗，提高水的流动性。

家庭中应注意淋浴时军团菌感染的风险。长期不用的热水器首次使用可加满水调至最高档位的温度（往往可以达到 70℃）加热后，在无人的情况下将水排空，及时开窗通风或用排风扇强制排风。当热水器使用温度（如小于 50℃）较低时，也应定期将水温调至最高档位并充分加热后再使用。

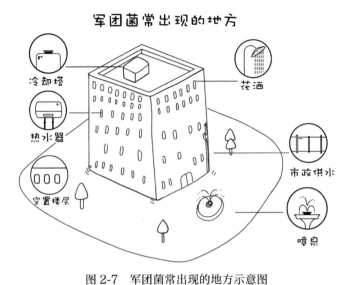

图 2-7　军团菌常出现的地方示意图

2.23　什么是同层排水？

同层排水是建筑排水管布置的一种方式，指卫生间、厨房等用水区域的排水横支管布置在本层，器具排水管不穿楼板的排水管道布置方式。

同层排水避免了本层卫生器具排水管、排水横支管进入下层空间而造成的一系列问题，具有许多优点：管道检修清通可在本层完成，不干扰下层空间的正常使用；器具布置不受结构构件限制，可以灵活满足个性化需求；排水管布置在本层内能有效减小排水噪声对下层空间的影响；卫生器具排水管道不穿楼板，上层地面积水渗漏下层空间的概率低。同层排水主要有 3 种方式：

（1）降板式同层排水。将设有卫生器具的区域结构楼板局部下凹，排水横管布置在下凹区域内。该方式目前最为常用，缺点是楼板局部下沉会影响最底层空间高度，存在因管道漏水造成下凹空间积水、返潮、返臭的风险。优化方法是采用整体卫浴结合降板的做法代替直接由轻质建筑材料填充降板区域的做法，易于管道检修，且便于下凹空间排水。

你知道吗？

　　建筑内的排水管根据设置位置的不同，可以分为三类：排水立管、排水横管和器具排水管。排水立管是指呈垂直或与垂线夹角小于45°布置的排水管道；排水横管是指呈水平或与水平线夹角小于45°布置的排水管道，排水横管连接器具排水管至排水立管的管段称排水横支管，连接汇集若干根排水立管管段称排水横干管；器具排水管指自卫生器具存水弯出口至排水横支管连接处之间排水管段。

　　（2）垫层式同层排水。将设有卫生器具区域的地面采用轻质建筑材料垫高，排水横支管埋设在垫层里。由于排水区域地面高于室内其他区域地面，容易产生排水区地面排水外溢的问题，该方式在新建建筑中几乎不再采用，在既有建筑改造不得已的情况下偶尔采用。

　　（3）夹墙式同层排水。卫生器具主要采用后排水方式，通过在卫生器具后部设置假墙、装饰墙等措施形成夹墙空间，排水管道布置在夹墙空间里。该方式可选用悬挂式卫生器具，卫生器具不落地，地面无清洁死角，更加卫生、美观，还能保证下层空间高度。

2.24　为什么给排水管要设置标识？

　　现代建筑为了满足用户的多种用水需求，随着建筑功能的多样化，分质供水和分流制排水也越来越普遍，建筑内给排水系统越来越复杂，管道种类越来越多，如果没有清晰的标识，很容易在施工或日常维护维修时发生误接。分质供水是指按照用水水质、水温需求不同而分别设置独立供水系统，通常包括生活饮用水、直饮水、生活热水、供暖空调用水、游泳池补水、冲厕用水、景观用水、地面冲洗用水等；分流制排水是指根据排水污染程度、所需处理要求不同而分别设置独立排水系统，通常包括生活污水、生活废水、雨水等，以及餐饮排水、医疗排水、实验排水、供热锅炉高温事故排水等。

如果没有管道标识，上述诸多给排水管道难免在施工或日常维护、维修时发生误接、误用、误饮的情况，导致低质供水系统对高质供水系统的污染，或者导致高污染排水系统对低污染排水系统的污染，给用户和环境带来健康隐患。此外，对管道设置标识，有利于提高施工和日常维护工作效率，保障使用者的安全。

你知道吗？

　　管道误接的危害案例。案例一，台湾某医院加护病房因洗肾机器接孔处标识不清，医护人员将本应插入 RO 逆渗透水的管路，不慎接到另一条未经处理的一般自来水管线，误将自来水输入病患体内。此事共导致 6 名患者受到影响，其中 2 人死亡。

　　案例二，山东某住宅小区一住户家中安装燃气热水器时，误将水管接至燃气管道，造成水通过燃气阀门，大量涌入燃气表和燃气管道中，引发停气事故，不仅造成经济上的损失、影响邻居正常的生活用气，还造成了非常严重的燃气安全隐患。

管道标识是管道的"身份证明"，管道标识的设置应遵循明确、清晰、完整、耐久的原则。在所有管道的起点、终点、交叉点、转弯处、阀门、穿墙孔两侧等部位，管道布置的每个空间、一定间距的管道上和其他需要标识的部位均应设置管道标识。完整的管道标识应能体现给排水系统类别、用途、分区、流向等主要信息，方便辨识，且应为永久性的标识，避免标识随时间褪色、剥落、损坏。不同情况下的管道标识设置形式有多种多样，如塑料管可采用管材添色，金属管可采用管壁喷涂、系挂吊牌等。

2.25   如何解决淋浴洗澡时水流忽大忽小和温度忽冷忽热的问题？

淋浴器出水时水流忽大忽小和温度忽冷忽热的现象，通常是因淋浴器冷、热水供水流量和压力的波动造成的。

建筑内的冷热水通常是通过枝状管道系统供往各个用水点，淋浴器、洗手盆、洗涤盆、便器等多个用水点采用串联的供水方式。因为各个用水点距离水源的供水管路长短不一，沿程阻力也就各不相同。供水过程中，据水源近的用水点沿程阻力小、水压高、出流量大，远的用水点则出流量小。当串联的管道上用水点开启数量发生变化时，各个用水点的水压也会即刻发生变化，就会出现水流忽大忽小的现象。对于淋浴器这种有冷热水系统同时供水的器具，同时用水的其他器具造成的流量变化和水压的波动，会导致淋浴器冷热水混合比例发生变化，最终导致水温忽冷忽热。

你知道吗？

恒温混水阀通常安装在用水点的混水出口处，通过水温变化使阀内热敏组件膨胀或收缩，进而控制阀内阀芯关闭或者开启冷、热水的进水。当温度调节装置设定温度后，混水阀通过调节冷热水的进水比例，使出水温度始终保持恒定，不受热水温度的降低、用水量的增减或水压变化的影响。

为了减小或避免用水点处流量和水压的互相干扰，从"治本"角度出发，可以调整各用水点供水路由的水损差异和管道特性差异，稳定压力并"按需"分配流量；从"治标"角度出发，可以采用具有抗干扰功能的用水器具。具体措施包括：① 分水器供水。采用分水器对用水集中区域的各用水点并联供水，"各行其道"能够避免各用水点之间压力、流量的干扰，保证各用水点同时用水时的实际工况最大限度接近设计工况。② 优化管路。对串联的供水管道路由和管径进行优化，通过调节供水阻力来平衡各用水点的流量分配，尽量减少互相干扰。③ 抗干扰装置。在用水点处采用可消除用水压力、流量波动的特殊管件或卫生器具，如平衡阀、恒温混水阀、带水箱的便器等。

3

可感可知的密码
——建筑里的声、光、热湿环境

3.1 室内噪声源有哪些?

建筑室内的噪声来源通常分为两大类,一类是建筑外部的噪声通过建筑围护结构传播至室内;另一类是建筑物内部的建筑设备产生的振动与噪声传播至室内(图 3-1)。

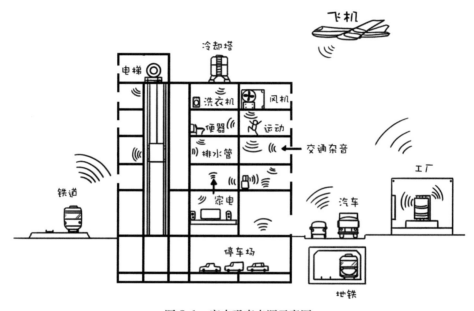

图 3-1 室内噪声来源示意图

(1)室外环境噪声。建筑外部的噪声源种类繁多、变化复杂,常见的室外噪声源包括交通运输噪声、工业噪声、建筑施工噪声以及社会生活噪声。这类噪声源有一个共同特点:建筑的建设者和居住者基本无法对其进行主动控制。

1)交通运输噪声主要指机动车辆、飞机、火车和轮船等交通工具在运行时发出的噪声。这些噪声源是流动的,干扰范围大。城市交通运输噪声的主要来源是汽车噪声和城市轨道交通噪声。

2)工业噪声主要指工业生产劳动中产生的噪声,主要来自机器和高速运转的设备。各种动力机、工作机做功时导致的撞击、摩擦、喷射以及振动可产生70~80dB（A）以上的声音。这类噪声具有声波长、频率低、能量衰减慢等特点，能够越过墙体等障碍物继续传播。

3）建筑施工噪声主要指建筑施工现场产生的噪声。施工时，使用各种动力机械，进行挖掘、打洞、搅拌作业，频繁运输材料和构件会产生大量噪声。建筑施工现场噪声常在90dB（A）以上。

4）社会生活噪声主要指人们在商业交易、体育比赛、游行集会及娱乐场所等各种社会活动中产生的喧闹声，以及音响、电视机、洗衣机等各种家电产生的嘈杂声，这类噪声一般在80dB（A）以下。文化娱乐场所和商业经营活动中的社会生活噪声有声源种类繁多、噪声分布面广、立体分布的特点，夜间会对人的生活造成严重影响。

（2）建筑物内部噪声。建筑物内部噪声主要来自于风机房、泵房及制冷机房等各种设备用房；加工、制作用房；歌舞厅、卡拉OK厅等娱乐用房；家电、卫生设备、打字机、电话等各种设备。此外，有些建筑设备产生噪声和传播的方式较为特殊，如电梯、水泵等公用设备设施。当其运行时，除了向空中辐射噪声外，还会把振动传给建筑结构。这种振动可激发起固体声，在建筑结构中传播很远，当引起物体共振时，会辐射很强的噪声。水泥地板、砖石结构、金属板材等是隔绝空气声的良好材料，但对衰减固体声效果较差。在《民用建筑隔声设计规范》GB 50118—2010中将这类噪声定义为建筑设备结构噪声。

3.2 噪声对人体健康有哪些影响？

声音是由物体振动产生，在弹性介质中传播，并能被人或动物听觉器官所感知的波动现象，人对不同类型的声音会产生不同的反应。《中华人民共和国噪声污染防治法》中定义的噪声是指在工业生产、建筑施工、交通运输和社会生活中产生的干扰周围生活环境的声音。WHO 发布的《噪声污染导致的疾病负担》将噪声危害列为继空气污染之后的人类公共健康第二杀手：噪声不仅让人烦躁、睡眠差，更会引发或触发心脏病、学习障碍和耳鸣等疾病，进而缩短人的寿命。噪声引发的疾病主要分为两类，一类是生理上的，另一类是心理上的。

（1）听力器官损伤。人长年累月地在强噪声环境中工作，长期不断地受高强噪声刺激，听觉不能复原，内耳感觉器官会发生器质性病变，导致所谓的噪声性耳聋或永久性听力损失。噪声性耳聋与噪声的强度、频率、噪声作用的时间长短有关，强度越大、频率越高、作用时间越长，噪声性耳聋的发病率越高。研究表明，长期暴露于噪声中，8 小时内平均声压级超过 85dB（A）噪声环境时，可能会导致永久性听力损失。

（2）心血管疾病。许多调查和统计资料说明，大量心脏病的发展和恶化与噪声有密切的联系。实验表明，噪声会引起人体紧张，使肾上腺素增加，引起心率改变和血压升高。一些工业噪声调查的结果显示，在高噪声条件下工作的钢铁工人和机械车间工人与安静条件下工作的工人相比，心血管系统的发病率更高，患高血压的病人更多。

（3）消化系统疾病。噪声能引起消化系统方面的疾病，早在 20 世纪 30 年代，就有人注意到长期暴露在噪声环境下的工作者消化功能有明显的改变。在某些吵闹的工业行业里，溃疡症的发病率比安静环境的发病率高 5 倍。

（4）神经系统疾病。常年暴露在噪声环境中，会引起失眠、疲劳、头晕、头痛、记忆力减退等症状。在神经系统方面，神经衰弱症是最明显的症状。调查发现，在高噪声工作环境中的人群患神经衰弱综合征的比例明显高于其他职业人群，甚至也高于脑力劳动者。

噪声对人的心理影响因人而异，有关噪声引起烦恼的反应一般都与睡眠、工作、阅读、交谈、休闲等活动的干扰相关。相关的调查研究表明，噪声干扰易引起性格焦虑的人和病人的烦恼；相比青年人，噪声干扰更易引起老年人的烦恼；新噪声源的干扰大于习惯了的噪声；高频噪声、音调起伏的噪声以及突发噪声会引起更大的烦恼（图3-2）。

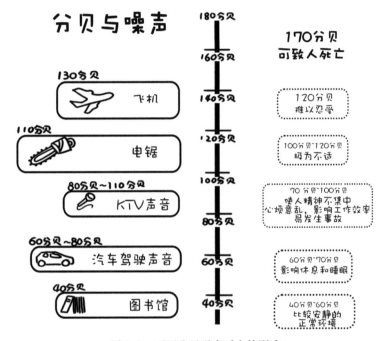

图 3-2　不同分贝噪声对人的影响

3.3　声压级和计权声压级有什么区别？

　　声压级是声压的平方与基准声压的平方之比的常用对数的10倍，单位为分贝。人们第一感觉认为分贝是声音大小的单位。事实上，分贝是一个无量纲量，除了应用于声学领域外，在电工、无线电、力学、冲击振动、机械功率等领域也被广泛应用。

声压是指有声波传播时空气压强相对于无声波时空气静压强的改变量，单位为 Pa。人耳可听的声压幅值波动范围为 20μPa～20Pa，波动区间很大，上限声压和下限声压的比值达到 100 万倍。人耳对声压变化的感觉与其对数值近似成正比，因此引入声压级的概念，用声压级与基准量之间的常用对数乘以 10 表示，单位为分贝，把这个区段的声压级划分为 0～120 分贝。

你知道吗？

声音的传播是压力波的传播而不是空气质点的输运，空气质点只是在它原来的平衡位置来回振动。压力波的传播速度是声速，而空气质点的振动速度反映了声音的强弱。

通常，声压级在 120dB 左右，人就会感觉到不舒服；130dB 左右，耳内将有痒的感觉；达到 140dB 时，耳内会感到疼痛；当声压级继续升高时，会造成耳内出血，甚至听觉机构损坏。

人耳对声音的响应并不是在所有频率上都是一样的。人耳对 2000～4000Hz 的声音最敏感；在低于 1000Hz 时，人耳的灵敏度随频率的降低而降低；在高于 4000Hz 时，人耳的灵敏度也逐渐下降。这也就是说，相同声压级的不同频率的声音，人耳听起来是不一样响的。因此，如果想要知道一个声压级人听起来感觉的大小，需要对声压级进行计权修正。通常使用的声级中设有 A 计权、C 计权和 Z 计权（所有频率计权值为 0，也就是不计权）等计权网络，经计权后测得的声级成为计权声级。比如 A 计权网络计权后测得的声级叫做 A 计权声级，简称 A 声级，用 L_A 或 L_{pA} 表示，单位是 dB。为了表述简化和方便，在一些场合也常用 dB（A）表示 A 声级而不给出相应的符号 L_A，需要说明的是，在国际单位制（国家标准 GB/T 3102.7—1993 和 ISO 80000.8：2020）中，并没有 dB（A）。对于声级随时间变化的噪声，不能直接用一个 L_A 值来表示。因此，人们提出了在一段时间内能量平均的等效声级方法，称作等效连续 A 声级，用 $L_{Aeq, T}$ 来表示。相当于用一个稳定的连续噪声，其 A 声级值为 $L_{Aeq, T}$ 来等效变化噪声，两者在观察时间内具有相同的能量，这一方法被广泛地应用于各种噪声环境的评价。

3.4　判断室内噪声是否达标应注意什么？

根据国家标准《建筑环境通用规范》GB 55016—2022，不同使用功能的房间，其用户健康需求和对应的噪声限值不同（表 3-1）。

主要功能房间室内的噪声限值　　　　　　　　　　　　表 3-1

序号	房间的使用功能	噪声限值（等效声级 $L_{Aeq, T}$，dB）	
		昼间	夜间
1	睡眠	≤ 40	≤ 30
2	日常生活	≤ 40	
3	阅读、学习、思考	≤ 35	
4	教学、医疗、办公、会议	≤ 40	

注：1. 当建筑位于 2 类、3 类、4 类声环境功能区时，噪声限值可放宽 5dB。
　　2. 夜间噪声限值应为夜间 8h 连续测得的等效声级 $L_{Aeq, 8h}$。
　　3. 当 1h 等效声级 $L_{Aeq, 1h}$ 能代表整个时段噪声水平时，测量时段可为 1h。

室内噪声是否达标的检测和判定应由专业的检测机构、人员进行检测和数据分析。国家标准《民用建筑隔声设计规范》GB 50118—2010 对于室内噪声不区分来源，采用同样的标准限值、同样的检测方法进行评价，在最终数据处理的时候，适当考虑噪声的特性进行修正。这种检测评价方法的优点是简单可行，易于操作。但较为突出的问题是对于一些特殊类型的噪声，如电梯、水泵导致的建筑设备结构噪声，由于其低频窄带特性，极易出现达标但扰民的情况。正在修订的国家标准《民用建筑隔声设计规范》中，对室外声源传入噪声、建筑设备噪声、建筑设备结构噪声三种类型规定了三种不同的测量方法。只有按照这三种测量方法进行测量和数据处理，将结果和标准限值进行比对，才能判断室内噪声是否达标，以及哪类室内噪声超标。

（1）对于室外声源传入噪声检测，需重点注意的是：在昼间 16h 和夜间 8h 进行全时段等效测试。只有在室外噪声源满足一定特殊条件的情况下，才能缩短测量时长。

（2）对于建筑设备噪声检测，需重点注意的是：测量时长只涵盖设备运行时段，非设备运行时段不能积分到测量时长内。另外，建筑设备噪声测量需要进行背景噪声修正，以排除其他噪声源的干扰。

（3）对于建筑设备结构噪声检测，需重点注意的是：在现场调研可能产生结构噪声的建筑设备的基础上，在关闭和开启该设备的情况下进行测试，先判定是否存在结构噪声，判定存在的情况下再进行后续数据处理。

3.5　如何控制室内的噪声？

针对不同来源、不同类型的噪声源，应分别采取不同的措施才能有效降低室内噪声。室外声源传入噪声与建筑所处的位置和环境密切相关，一旦建筑所在位置确定，外部噪声源的污染情况基本无法改变。对建筑本身来说，可以通过提高建筑围护结构隔声性能来控制；对不同类型建筑设备产生的噪声，常用的降噪措施有吸声降噪、消声降噪、隔声与隔振降噪等。

（1）提高围护结构的隔声性能。提高墙、门、窗等围护结构的隔声性能，可以减少外部噪声的传入。墙的单位面积质量越大，隔声效果就越好。单位面积质量每增加一倍，隔声量可增加 6dB。如果把单层墙一分为二，做成留有空气层的双层墙，则在总重量不变的情况下，隔声量会有显著的提高。门的重量比墙体轻，且周边有缝隙，是墙体中隔声较差的部位。一般来说，普通可开启的门，其隔声量大致为20dB；质量较差的木门，隔声量可能低于15dB。提高门的隔声能力，一方面要做好周边的密封处理，另一方面应避免采用轻、薄、单的门扇。窗也是围护结构隔声薄弱的部位。提高窗的隔声性能，可选用双层或三层中空玻璃窗，在施工过程中注意窗框与墙壁之间的密封。

（2）吸声降噪。吸声是在室内顶棚或墙面上布置吸声材料或吸声结构，使得混响声减弱。在车间噪声控制中，通过在车间顶部做全频域强吸声结构，可有效降低室内混响声级，人们主要听到的是直达声，被噪声"包围"的感觉将明显减弱。目前，国内外采用"吸声降噪"方法进行噪声控制已非常普遍，一般降噪效果为6~10dB。

（3）消声降噪。空调、通风系统中，风机的噪声会沿着风管传至室内。此外，气流在管道中因流动形成湍流，还会使管道振动而产生附加噪声。气流噪声的控制一般通过在管道上加接消声器来实现。消声器类型很多，根据消声原理可归纳为阻性、抗性和阻抗复合式三种类型。阻性消声器是一种吸收性消声器，其方法是在管道内布置吸声材料将声能吸收。抗性消声器是利用声波的反射、干涉、共振等原理达到消声目的。通常，阻性消声器对中高频噪声有显著的消声效果，对低频则较差；抗性消声器常用于消除中低频噪声。如噪声频带较宽，需用阻性与抗性组合的复合式消声器。

（4）隔声降噪。隔声屏障可用于房间内部噪声源的噪声控制。屏障的隔声效果与其构造做法、宽度及高度有关。隔声量随屏障宽度和高度的增大而增大，在屏障表面做吸声处理则隔声效果更好。对于某些高噪声设备，可用隔声罩或隔声小间进行隔离，在小间或罩内应作吸声处理，还应妥善解决设备的散热问题。

（5）隔振降噪。工程上对建筑设备进行隔振通常把设备安装在混凝土基座上，在基座与楼、地面之间加弹性支承。这种弹性支承可以是钢弹簧、橡胶、软木和中粗玻璃纤维板等，也可以是专门制造的各种隔振器。这样设备（包括基座）传给建筑主体结构的振动能量会大为减少。

你知道吗？

　　很多人会将隔声与吸声混淆，它们其实是两个不同的概念。对材料或构造（包括门窗）而言，隔声表述的是两个不同空间之间声音衰减的能力，吸声表述的是在同一空间中声音衰减的能力。如果某一种材料或构造只反射入射声能的 10%，即吸收 90% 的入射声能，可以说它具有很好的吸声性能；但是，如果某种材料或构造透过了 10% 的能量，隔声量才仅有 10dB，属于很差的隔声性能。只有透过的能量是入射能量的万分之一甚至十万分之一，才被认为是具有较好的隔声性能。因此，通常所说的吸声材料往往隔声性能较差。所以要明确：吸声≠隔声。

3.6　如何控制小区的噪声？

　　住宅小区的声环境是关系人们健康和生活质量的重要部分。控制住宅小区噪声最有效的措施是，在规划阶段提前做好声环境的规划和噪声的控制方案。对于已建好的住宅小区，采用声屏障来降低外部噪声对小区声环境的影响。

　　（1）与噪声源保持必要的距离。声源发出的噪声会随距离增加产生衰减，因此控制噪声敏感建筑与噪声源的距离能有效的控制噪声污染。对于点声源发出的球面波，距声源距离增加一倍，声级降低 6dB；而对于线性声源，距声源距离增加一倍，声级降低 3dB；对于交通车流，因为各车流辐射的噪声不同，车辆之间的距离也不一样，不能单一的作为点声源或线声源考虑，噪声的平均衰减率介于点声源和线声源之间。

　　（2）规划布局降噪设计。在规划及设计中采用缓和交通噪声的设计和技术方法，其中，控制车流量是减少交通噪声的关键。街坊一般以小区主干道为分界线，街坊内道路一般不通行机动车，须从技术上处理小区内的人车分流，并加强交通管理。其他措施还包括设置低速行驶标识、选择低噪声柔性减速带或视觉虚拟减速带。

当绿化带宽度有限时，临街配置对噪声不敏感的建筑作为"屏障"，降低噪声对居住区的影响。对噪声不敏感的建筑物是指本身无防噪要求的建筑物（如商业建筑），以及虽有防噪要求但外围护结构有较好的防噪能力的建筑物（如旅馆建筑）等。此外，在小区内部规划时应注重动静分区，将运动与娱乐区建造在地势较高且半围合的区域。

（3）利用屏障或绿化降噪。如果在声源和接收者之间设置屏障，屏障声影区的噪声能够有效的降低。影响屏障降低噪声效果的因素主要有：① 连续声波和衍射声波经过的总距离 SWL；② 屏障伸入直达声途径中的部分 H；③ 衍射的角度 θ；④ 噪声的频谱。图 3-3 为噪声绕过屏障引起衰减的诸因素示意图。

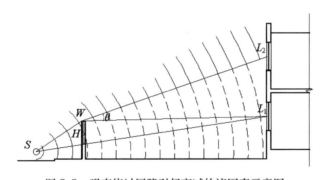

图 3-3　噪声绕过屏障引起衰减的诸因素示意图

设置绿化带既能隔声，又能防尘、美化环境、调节气候。在绿化空间，当声能投射到树叶上时被反射到各个方向，而叶片之间多次反射使声能转变为动能和热能，噪声被减弱或消失了。专家对不同树种的减噪能力进行了研究，最大的减噪量约为 10dB（A）。在设计绿色屏障时，要选择叶片大、具有坚硬结构的树种。所以，一般选用常绿灌木、乔木结合作为主要培植方式，保证四季均能起到降噪效果。

3.7　什么是声景观？

　　针对城市开放空间的研究表明，当声压级低于65～70dB（A）时，人们的声舒适度评价与声压级并不密切相关，而是主要取决于声音的种类、听者特征和其他非声学因素。还有研究显示，环境噪声的烦恼度与声能等物理参数的相关性仅为30%。城市声环境研究向关注人、听觉、声环境与社会之间的相互关系方面扩展，需要制定全新的方法来评估声环境质量，声景学应运而生。在这个领域中，声环境并不是简单地被当作一个可以测量的物理量，而是被视为由一系列蕴含不同信息的声元素所构成的，具有可以感知内容的现象。在国家标准《声学　声景观　第1部分：定义和概念性框架》GB/T 41283.1—2022 中，定义声景观为某场景下个人或群体感知、体验或理解的声环境。声景观也可简称声景。由定义可知：声环境是客观存在，而声景观是带有主观色彩的声环境。声音是构成声环境的基本要素，声环境是环境中各种声音的总和，而声景观是人对客观存在的声环境在意识中重构后形成的、主观上认为的声环境。积极的声景感知具有多种健康益处，比如提升舒适度、促进心理和生理的恢复，以及促进积极的社会行为等。

　　声景对人的心理健康产生影响主要体现在其所处的环境上。环境本身的空间特性，如空间的闭合或开敞、形状和尺寸、界面的材质和形态、地势的起伏、建筑的布局、花草树木等景观元素的分布和形态，均会影响声音的传播，引起声音的吸收、反射、衍射或透过等现象，从而产生声音混响的差异，影响人们的心理感受。混响时间过长会增加声音的烦恼度，但适宜的混响可使街头音乐更动听，使人们更加愉悦。另外，声景范围内的背景声及特殊声源也都会影响人们的心理感知。

　　声景对人的心理健康产生影响还体现在其声音的特色上。根据声景中声音的特色，声景元素可分为基调声、信号声、标志声三类。基调声为背景声，代表了某一个地域或某一种声音的特征，主要指自然界的声音；信号声为前景声，包括交谈声等包含某种特殊确切内容的声音；标志声是指一种文化或一个地区内能被辨识出来的特有声音，如方言、地域性歌声等。具有文化意义的标志声能够激发人们情感的回应。

你知道吗？

安静并不一定会让人感到更舒适，环境中的声源类型十分重要。比如，真正无声的环境会使人不安；当引入音乐或水声等自然声时，即使声压级较高也可以令人愉悦。自然声可以通过引导视觉使人们更加关注自然景物，增强恢复性效应。研究表明，自然声可以带来疼痛感减轻、压力减少、情绪改善、认知能力提高等健康效益。对比鸟鸣声、水声和混合声，水声在改善情绪和健康状况方面最为有效，鸟鸣则可以减少压力和烦恼。

3.8　如何营造声景观？

声景技术的主要作用在于改善人群在建筑室外活动时的声环境体验和感受，并为建筑室内声环境感受创造良好的条件。声景的影响因素主要有五个方面：声源（如声压级、频谱特征、持续时间等）、空间（如反射形式、混响时间等）、听者社会行为因素（如年龄阶段、教育程度、行为目的等）、物理环境（如温湿度、照度等）和视觉景观。

声景设计的首要任务是对周围环境进行噪声控制。分析环境中存在的各类声音，了解声音的种类和特点以及人们对各类声音的反应，并根据人们的评价将声音进行分类——积极的、令人满意的声音和消极的、令人反感的声音。对其中不协调、人们不愿听到的消极声音进行控制、降低和消除，如交通噪声、生产生活噪声等，这与城市噪声控制的手段相同。

加入或强调人们愿意听到的积极声音，掩蔽消极声音来提高人们对声环境的感受，如鸟叫声、流水声等。在设计中可以通过增加流动的水体景观如人工泉、人工瀑布等来提高水声这类自然声的成分，既要考虑提高人们的声环境感受，也要考虑为鸟类等小动物提供栖息、觅食、繁殖等生存条件，这不仅可从生态多样性角度赋予绿化景观内涵，更重要的是小动物的生存能够更好地营造自然声景观。

从空间形态的设计和视觉环境的布置上提高听者对声音的主观评价。考虑不同类型声音下的听觉范围，确定空间尺度关系。考虑产生标志声源的需求，如绿化空间能够吸引动物的活动，产生虫鸣鸟叫的自然声。考虑进行空间隔声限定，如毗邻交通道路的公园声景，为防止噪声干扰，周围砌筑墙体对其进行隔离。

环境的温度、湿度、光照条件等物理环境均会对声景产生影响，在声景设计中应对这些指标进行控制，根据人们的需求及声景的评价进行创建。

3.9 如何认识光与视觉？

光是以电磁波形式传播的辐射能。电磁辐射的波长范围很广，只有波长在 380~780nm 的这部分辐射才能引起光视觉，被称为可见光。波长短于 380nm 的有紫外线、X 射线、γ 射线、宇宙线，长于 780nm 的有红外线、无线电波等。可见光进入人眼后，会对人的视觉细胞产生一定的刺激，引起视觉神经的反应，并将它们转换为视觉信息传递给大脑，经大脑加工和分析，使人们得以辨认物体的形状、大小、明暗、色彩、动静，从而了解外部世界。外界传输到人脑的所有信息中，90% 是视觉信息。

不同波长的光在视觉上形成不同的颜色，例如 700nm 的光呈红色、620nm 的光呈橙色、580nm 的光呈黄色、510nm 的光呈绿色、470nm 的光呈蓝色、420nm

的光呈紫色。单一波长的光呈现一种颜色，称为单色光。日光和灯光都是由不同波长的光混合而成的复合光，它们呈白色或其他颜色。直接由光源发出的光，传入人眼，视觉感受到的是光源色。然而在实际生活中，人眼很少直接观察光源本身，而是观察在光源照射下的物体表面状态，这时物体所呈现的颜色称为物体色。物体色是物体对光进行反射、吸收或透射后，在人眼所引起的一种视觉反应，没有光便没有色。

你知道吗？

波长290～320nm的紫外线，具有很强的生物效应，在健康保持和支持生长发育方面效果显著，因此被称为"健康线"。人体骨骼生长、体内维生素D合成、预防贫血和肺结核都离不开这个波段的紫外线。

红外辐射占据超过一半的太阳辐射能量，红外线是在所有光谱中最能够深入皮肤和皮下组织的射线。人体细胞中水分子及细胞膜上磷脂质、蛋白质和糖类的最有效吸收频率为6.27μm，恰好介于波长为4～14μm的红外线波长范围内，这使得红外线对人体健康大有裨益，被称为"生育光线"。

常用的光度量有光通量、照度、发光强度和光亮度。① 光通量。辐射体单位时间内以电磁辐射的形式向外辐射的能量称为辐射功率或辐射通量。光源的辐射通量中可被人眼感觉的可见光能量按照国际约定的人眼视觉特性评价换算为光通量，单位为流明（lm）。在照明工程中，光通量是说明光源发光能力的基本量；② 照度。照度是受照平面上接受的光通量的面密度，单位是勒克斯（lx）。照度分布应该满足一定的均匀性。视场中各点照度相差悬殊时，瞳孔就经常改变大小以适应环境，引起视觉疲劳；③ 发光强度。点光源在给定方向的发光强度是光源在这一方向上单位立体角元内发射的光通量，单位为坎德拉（cd）。发光强度常用于说明光源和照明灯具发出的光通量在空间各方向或选定方向上的分布密度；④ 光亮度。光亮度简称亮度，是发光体在某一方向上单位面积的发光强度，单位是尼特（nt）或坎德拉每平方米（cd/m^2），$1nt = 1cd/m^2$。

3.10　光对人体健康有哪些影响？

现有研究表明，光不仅对人的视觉系统产生作用，同时还会对我们的情绪、睡眠、认知、节律等非视觉方面产生重要的影响。光通过大脑皮层的作用，对人的心理活动、情绪等产生直接影响。长时间照明不足会引起视觉紧张，使机体易于疲劳，注意力分散，记忆力下降，抽象思维和逻辑思维能力降低。而过度的光照射不但使人心理上感到不适，甚至会致病。强烈的彩色光会干扰大脑中枢的正常活动，打乱人体平衡状态，引起人的情绪烦躁不安，全身乏力、头晕目眩等。

（1）对视觉系统的影响。光与视觉有着最直接的关系，从光与视觉健康的关系来看，主要体现在亮度水平及分布、眩光、频闪以及光色品质等方面。合理的亮度水平及分布可以有效地抑制视疲劳的产生；而过高的眩光则会诱发视觉疲劳、短暂视力下降，甚至引发头痛等症状；频闪由光源光通量波动引起，光通量波动深度越大，频闪越严重，频闪效应产生的危害也就越大，包括导致视疲劳、偏头痛，甚至降低视力、诱发近视等；优良的光色品质能够提升人们在光环境中的舒适感，对于卧室、客房等需要放松的场所更适合使用暖色调的光，对一些高温或高照度场所更适合使用冷色调的光，而对于办公空间、教室等具有类似视觉作业的场所则更适合中间色调的光。

（2）对非视觉系统的影响。越来越多的证据表明光除了产生视觉之外，还会对生理节律、神经内分泌及神经行为反应产生重要影响，其中最有影响力的是光诱导重置生物钟的现象。光的非视觉效应还体现了光对人一天中生理状态的显著影响，例如光导致瞳孔收缩，抑制褪黑素分泌，提升心率和机体核心温度，刺激皮质醇分泌。

你知道吗？

　　有些先天失明的盲人，视锥细胞和视杆细胞丧失功能，但是他们瞳孔仍能对光线有所反应，并维持着正常的生物节律，而有些摘除了眼球的盲人则患有昼夜节律紊乱、睡眠失调等症状，因此人们推测视网膜上除视感细胞与视锥细胞外还有其他的光受体。这些光受体就是哺乳动物视网膜上存在的第三类感光细胞——ipRGCs。

　　（3）对心理的影响。人们通过眼睛感知光，通过大脑进行信息的处理。因此，对光环境的判断也会产生相应的预期，也可能对相同的光环境产生不同的感觉。光色及光的闪烁等均会对人的心理产生作用，从而影响人们的身心健康。不同的亮度和颜色会改变环境的吸引力、引导情绪以及影响人们的心情，但很大程度上受到个体和心态的影响。当照明无法达到用户的预期时，尽管能够充分满足视觉功效的要求，也会令人感到难以接受。

　　（4）光的生物安全性。光辐射危害属于一种非电离辐射危害，它直接作用于人的眼睛和皮肤。人体接受过量的光辐射，特别是特定波长的光辐射可能会造成多种不可逆损伤，常见的有角膜炎、白内障、视网膜灼伤、皮肤灼伤等。

3.11　什么是"生物钟"？

　　生物的节律具有"内源自主性"，这是生物体适应地球环境，并在长期进化过程中形成的生命特征。生物的节律同时也被外界环境刺激信号影响和重置，与环境同步化。调控生物体生命活动内在节律的时间结构如一只无形的"时钟"，人们称之为"生物钟"(图 3-4)。医学上将能够调控人类生命活动节律的神经结构称为生物钟,分主控钟和外周钟,主控钟位于下丘脑视交叉上核,外周钟分布在整个大脑及全身各器官及组织。人类的内源性生命活动昼夜节律为 24.18h,为了保证每个生命活动的 24 小时节律,主控钟每日需与外界授时因子校准。能够影响主控钟的因素被称为"授时因子",包括太阳光的明暗变化、运动及社会活动、进餐习惯及时间、某些药物等。光照是生物节律最重要的授时因子。

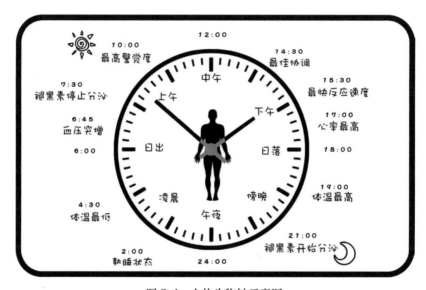

图 3-4 人体生物钟示意图

光照刺激会直接影响褪黑素、皮质醇的分泌。褪黑素也被称为"黑暗荷尔蒙",黑暗会刺激松果体中的褪黑素分泌,反之光亮则会抑制其分泌。褪黑素的分泌量不仅有很大的个体差异,而且会随着年龄的增长而减少,老年睡眠障碍患者体内的褪黑素下降较为明显。通常血浆中褪黑素浓度于夜间 21:00～22:00 开始升高,凌晨 2:00～4:00 达到峰值,7:00 左右下降。昏暗光线下褪黑素释放常作为评估人类昼夜节律相位的首选指标。研究表明,睡眠障碍、抑郁综合征、阿尔兹海默病等疾病都与褪黑素的分泌异常有关。皮质醇是另一种维持机体稳态和新陈代谢的重要激素,在应对压力调节中起到重要作用,也被称为"压力荷尔蒙"。强光照射能刺激皮质醇的释放,帮助人们迎来活力清醒的状态,起到唤醒作用。与褪黑素相反,皮质醇的分泌在清晨醒来后 30 分钟至 1 小时内急剧升高,达到峰值,之后浓度将缓缓下降,夜间 12 : 00 左右达到最低谷。不正常的皮质醇周期性波动与多种疾病相关,如慢性疲劳综合征、失眠和倦怠等。

生物钟的紊乱在临床上分为三大类:① 内源性昼夜节律失调型。又称睡眠时相障碍,主要为昼夜钟结构或功紊乱所致,包括睡眠—觉醒时相延迟障碍(晚睡晚起,入睡困难为主)、睡眠—觉醒时相提前障碍(早睡早起,早醒为主)、非 24 小时睡眠—觉醒障碍(多见视力障者)、不规律睡眠—觉醒节律障碍(痴呆或居家老人多见);② 外源性昼夜节律失调性。主要包括时差变化睡眠障碍和倒班工作睡眠障碍;③ 非特殊昼夜节律性睡眠—觉醒紊乱。生物钟调控着人们的睡眠—觉醒周期,也影响着包括学习、注意、新陈代谢等内在的诸多行为和生理过程。人体的核心温度、激素分泌、血压、心率、运动能力都呈现节律性的振荡。根据已有的研究,除个体的光生理响应特点和昼夜节律特征以外,光照强度、光照时长、光照时刻、光源光谱分布、历史光照暴露情况五项指标主要决定着外部光照刺激对生物节律的影响。

3.12 什么是光生物安全?

光生物安全主要研究光辐射对生物机体的安全性和健康的影响。由于 200nm 以下的紫外线波段无法穿透大气,大于 3000nm 的远红外光谱光子能量较低,因此光生物安全评估与检测范围覆盖 200nm 到 3000nm 波长范围的光辐射,这一波长范围内包括紫外光辐射、可见光辐射和红外光辐射。光辐射按照作用部位可分为对眼部和皮肤产生伤害两种途径,按照作用机理可分为光化学伤害和热辐射伤害两种类型。

当光辐射处于短波长（紫外辐射与可见光）区域时，主要发生光化学损伤。光被生物组织中的分子（生色团）吸收并导致该分子的电子激发态形成时，光化学损伤发生。光化学反应与光辐射波长和光辐射剂量相关，波长越短，损伤越为严重。当光谱处于长波长（红外辐射）区域时，热辐射机制起主要作用。高能量光辐射被组织吸收后转为热能，使局部组织内温度升高，当升高到一定限度时，将引起组织内的各种蛋白质成分（包括酶系统）发生变性凝固从而产生损伤；只有很高强度的红外光辐射才能引起灼伤，日光、室内照明以及使用桑拿浴红外线灯情况下引起损伤的情况非常罕见，但操作红外激光设备、长时间强烈日光下活动和长期高温作业时需对此进行防护。

你知道吗？

我们目前使用的 LED 光源不会发出紫外光，发出的红外光也是可以忽略的。对于荧光灯和白炽灯采用的玻璃也隔掉了光辐射中的紫外部分。卤素灯泡采用的石英材料可以透过紫外线，但通常会添加隔紫外线的材质，对于不添加隔紫外线材质的灯泡，往往要求提供警示语：该光源只能用在带有隔紫外线玻璃罩的灯具中。

LED 灯具和荧光灯的红外辐射远低于热危害的限值要求。白炽灯和卤素灯仅当距离特别近的时候可能引发热危害，但这种情况往往可以通过不舒适的生理反应避开。

（1）紫外危害和热危害。紫外线主要作用于细胞的 DNA，造成光化学损伤，最终可能导致细胞死亡或基因突变。紫外线入射到人眼时，波长 200～280nm 的紫外线主要被角膜吸收，可能引起光性角膜炎。波长 280～400nm 的紫外线可穿透角膜层并被晶状体吸收，可能引起白内障。波长 400～1400nm 的辐射通过灼烧视网膜组织的方式对视网膜产生危害，称之为视网膜热危害。然而对于我们日常使用的一般照明光源和灯具来说，通常不需要考虑紫外和红外产生的危害。

你知道吗？

国家标准《灯和灯系统的光生物安全性》GB/T 20145—2006/CIE S 009/E：2002 根据光源对视网膜蓝光危害的潜在危害程度，对灯和灯系统进行了安全分级：无危险类（RG0），即灯在标准极限条件下也不会造成任何光生物危害（在 10000s 内不造成对视网膜的蓝光危害）；1 类危险（RG1），即在光接触正常条件限定下，灯不产生危害（在 100s 内不造成对视网膜的蓝光危害）；2 类危险（RG2），即灯不产生对强光和温度的不适反应的危害（在 0.25s 内不造成对视网膜的蓝光危害）；3 类危险（RG3），即灯在更短瞬间造成光生物危害，当限制量超过 2 类危险的要求时，即为 3 类危险。强制性国家标准《建筑环境通用规范》GB 55016—2021 规定：儿童及青少年长时间学习或活动的场所应选用无危险类（RG0）灯具；其他人员长时间工作或停留的场所应选用无危险类（RG0）或 1 类危险（RG1）灯具或满足灯具标记的视看距离要求的 2 类危险（RG2）的灯具。

（2）蓝光危害。波长范围在 400~500nm 的可见光与视网膜组织的光化学效应存在较强的相关性。该波段对应蓝光部分，因此，与这个波段相关的光辐射损伤称为"蓝光危害"。蓝光具有极高的能量，可以穿透晶状体直达视网膜，引起视网膜色素上皮细胞的萎缩甚至死亡，从而导致视力下降甚至完全丧失，造成不可逆的损害。这种损伤可在光暴露后 12~48h 通过眼科检查发现。

450~500nm 之间的可见光波段是 LED 光源的重要组成部分，蓝光危害因蓝光激发荧光粉 LED 光源的广泛使用而受到普遍关注。但我们需要注意的是，蓝光在我们生活中无处不在且不可或缺，对于维持正常的视觉环境和生理健康具有重要意义。当前关于正常照明环境下的蓝光成分对人的视觉疲劳以及近视等问题的影响，尚未形成共识。因此，对于蓝光我们也不要谈"蓝"色变，过度恐慌。

3.13　人工照明可以代替天然光吗？

首先需要明确的是人工照明可作为天然光的补充，但不能完全代替天然光（图 3-5），这一点在照明领域已达成普遍共识。与人工照明相比，天然光具有无可比拟的优势，主要体现在以下几个方面：

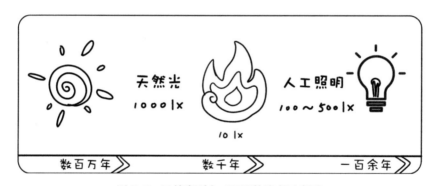

图 3-5　天然光到人工照明的演变示意图

（1）提升舒适度和视觉作业效率。各种光源的视觉实验结果表明，在同样的照度条件下，天然光的辨认能力优于人工光，有利于工作、生活和提高视觉作业效率。同时，天然光为连续光谱，其具备的高显色性也极大提升了室内空间视觉对象的观看舒适度。此外，天然光没有频闪，因此在降低视疲劳，保护视力方面也具有显著优势。

（2）降低建筑照明能耗。建筑照明能耗能够占到建筑总能耗的20%，甚至更高，构成了建筑能耗的重要组成部分。节能一直是照明设计中的重要原则，天然光利用几乎不消耗电能，因此也成为实现照明节能的重要技术手段。

（3）满足生理健康需求。千百万年来的进化使得人类适应了日出而作、日落而息的生活模式，天然光是人类感知世界和昼夜变化的主要光源，也是我们形成生理节律的重要基础。从光谱和强度变化角度而言，天然光无疑是在昼间实现动态照明理念最佳的照明光源。大量证据表明，足够的采光对于保持人的良好生理、情绪状态以及社交、认知行为，具有十分重要的意义。

因此，要创造健康、舒适、高效的照明光环境，首先就要利用新型的采光照明技术、智能控制技术，实现采光照明一体化，避免由于天然光变化的不确定性和分布的不均匀性给使用者带来不舒适。不论对节能的要求，还是舒适健康的需求，充分利用天然光仍然是当前光环境设计的重要原则。目前关于"健康照明"的研究和实践也越来越多，即人造光谱和光照强度的变化尽可能满足人们在不同场景、不同时刻的生理、心理需求，从而达到有助健康的目的。

3.14 什么是生理等效照度？

生理等效照度是根据辐照度对人的非视觉系统的作用而导出的光度量，也有文献称为"黑视素等效日光照度"，代表了照明光环境对人体褪黑素刺激能力的高低，该值越高代表照明对褪黑素刺激能力越高，抑制褪黑素分泌的效果越强。因此，生理等效照度可用于定量评价光环境对人的非视觉效应的作用效果。

为了得到生理等效照度的数值，我们需要获得光的光谱辐照度，最后根据不同波长光线的非视觉效应作用效果进行加权计算。我们日常用于视觉活动的光是由不同波长的光辐射复合而成的，而这其中不同波长的光的作用效果具有显著的差异性，大约在波长490nm处这种作用效果达到峰值。例如波长490nm的光线对于褪黑素的抑制效果大约能够达到波长 530nm 的光线的 2 倍。这种不同波长的光线对于褪黑素的抑制效果不同的现象，我们用相对光谱敏感性对其进行表达，即相对光谱敏感性数值越大，对应波长的光对于褪黑素的抑制效果越好（图 3-6）。生理等效照度正是以基于非视觉效应的光谱敏感性作为基础进行计算的。

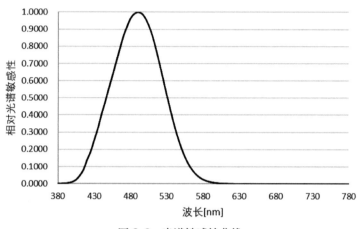

图 3-6　光谱敏感性曲线

需要注意的是，生理等效照度考核进入人眼的光线，因此其评价与人的位置密切相关，通常取人的眼位处作为评价位置。以办公室为例，一般选取人员长时间工作区域的 1.2m（坐姿）高度处的主要视线方向作为评价点位。

当光源的光谱相同时，生理等效照度与我们日常用于视觉评价的照度呈现固定的比例关系，可以根据光源光谱计算得出唯一的比例系数，称之为生理等效天然光效能比（以下简称"光效比"）。光效比的提出使生理等效照度和视觉照度建立了联系。同时，通过分析发现，对于同类光源来说，光效比与光源相关色温呈现较明显的相关关系，光源相关色温越低，光效比数值越小。以蓝光激发荧光粉的 LED 光源为例，当光源相关色温为 4000K 时，光效比约为 0.62。因此，当光源光谱无法获得时，可以通过其相关色温对其光效比进行估算，进而与视觉照度相乘得出目标位置的生理等效照度。

你知道吗？

色温是指光源的色品与某一温度下黑体的色品相同时，黑体的绝对温度。而相关色温则是指当光源的色品点不在黑体轨迹上，且光源色品与某一温度下黑体的色品最接近时，该黑体的绝对温度。相关色温用于评价白光光源的表观颜色，当相关色温较低时光源表观颜色偏黄，而当相关色温较高时，光源表观颜色偏蓝。光源色温适用场所见表3-2。

光源色温适用场所　　　　　　　　　　　　　表 3-2

相关色温（K）	色表特征	适用场所
< 3300	暖	客房、卧室、病房、酒吧
3300～5300	中间	办公室、教室、阅览室、商场、诊室、检验室、实验室、控制室、机械加工车间、仪表装配
> 5300	冷	热加工车间、高照度场所

3.15　长期居家光环境应如何改善？

对于长期居家的人来说，需要考虑视觉活动特点和生理健康需求等因素，遵循在合适的时间、合适的地点提供适宜的光环境的原则。

（1）不同的时间段，人们所需要的光照水平不尽相同。

日间：长期居家的人群由于难以开展室外活动，往往面临着日间光暴露不足的问题，这种情况很容易引起节律紊乱、还会引起视觉紧张，机体易于疲劳，注意力分散，记忆力下降，抽象思维和逻辑思维能力降低等不良影响。因此，长期居家的人群在白天需要接受足够的光暴露，这种光暴露仅采用人工照明很难满足，需要充分利用天然光。居家生活中可通过以下方式来实现：清晨打开窗帘或采用透光窗帘，通过天然光进行唤醒；每天保证足够的时间在窗边或阳台活动，并透过外窗进行远眺，不仅可以接受足够的光，还可以对视力进行调节。

夜间：为更好地维持生理节律，夜间建议减少光的有效暴露水平。一方面，夜间光照满足基本的视觉活动需要即可，不需要过高的照度；另一方面，优先选择暖白色的低色温光源，减少蓝光，降低对褪黑激素分泌的抑制，保证良好的生理节律；睡眠前 2～3 个小时内减少使用显示屏或者移动电子设备。

你知道吗？

光照刺激引起的昼夜节律系统影响是呈剂量依赖性的，与光照刺激的强度密切相关。研究发现，在一定条件下，低于 1lx 或更低光照也可以抑制褪黑素分泌，人类的昼夜节律系统对微弱光线也是非常敏感的。光照刺激时刻影响着节律周期波动的方向（提前或延迟）和幅度。在夜间早期或白天晚期，即核心体温低谷之前接受光照刺激，人类昼夜节律系统将相位延迟，这意味着就寝时间和醒来时间的推迟。而在生物夜间晚期和生物白天早期，即核心体温度低谷之后，暴露于光线刺激，则使相位迁移，人的就寝时间和清醒时间提前。光照刺激的相对强度和持续时间将影响后续光照干预的效果。在一段时间暗光环境后的强光刺激将引起更强的响应，而在强光环境下施加的明亮光照刺激，其干预效应是下降的。人类 24 小时内接受的光照状态都将对后续光响应和节律产生影响，白天的光线照射可以提高夜间睡眠质量，同时让人在白天活动时的觉醒度更高。

（2）满足日常工作学习的需求。工作学习对于光环境的要求较高，首先是照度水平不能过低或过高，避免视疲劳。当利用人工照明作为光源时，需要保证作业面有足够的照度水平（与办公室或教室接近，国家标准《建筑照明设计标准》GB 50034—2013 规定一般读写作业的照度平均值不低于 300lx）；当利用自然采光时，需要注意减少直射光进入到作业面，同时避免视线方向正对或背对窗户，可以侧对，或与窗户呈现一定的角度，这样可以有效减少眩光或电脑屏幕映像的出现。在使用台灯时，如果房间太暗，需要同时将房间的灯打开，特别是在晚上，这样可以减少因较大的明暗对比带来的视觉疲劳。当然，对于长期居家的人来说，为了尽量减少夜间光照对人体激素分泌的干扰，还是建议尽量减少在夜间进行工作或学习。

3.16 温度对人体健康有哪些影响？

温度是表示物体冷热程度的物理量。夏季时室内温度范围应在22～28℃，冬季室内温度范围在16～24℃。建筑室内温度的高低主要受室外太阳辐射、室内热源（如人体、电脑、灯具和烹饪等）、室内空气流速和围护结构（如墙体、门、窗等）保温性能等影响。

人体内有一套复杂的体温调节机制。当人体周围环境空气温度发生变化时，皮肤温度感受器首先感受到冷热刺激，再经过神经系统传递给下丘脑，下丘脑作为体温调节的控制器，向体表血管、肌肉、汗腺等发出控制信号。低温环境下，下丘脑控制体表血管收缩和肌肉冷颤来减少散热量和增加产热量；高温环境下，下丘脑控制体表血管舒张和出汗来增加散热量。不冷不热的时候人的自主性体温调节系统不需要工作，因此不存在热应力，故而感到轻松。人体各部分的温度并不相同，身体表面的温度要比深部组织的温度低，而且易随环境温度的变化而变化。身体表层的温度称作表层温度或者皮肤温度，身体深部组织的温度称作核心温度。医学上一般用人体的核心温度判断健康状况。人体的生理热调节机制有一定的限度，当环境温度超出可调节范围时，热平衡就会被打破，体温调节机制就无法继续起作用，这样的温度对人体健康有害。在低温环境下，人的心率增加、动脉血压升高、心脏负荷增加，情绪会受到影响，手指、耳朵和脚都会产生疼痛感，动作灵活性也会受到影响。当核心体温降至 28℃以下时，人会失去意识，明显出现呼吸和心跳的减弱；低于 24℃时，瞳孔对光反射消失，濒临死亡。在高温环境下，人的心跳加快，人体大量出汗，血液黏稠度增加，皮肤血管内的血流量剧烈增加（可达 7 倍之多），心血管系统处于高负荷运行状况。当核心温度升至 42℃以上时，会导致不可逆的器官损伤甚至死亡。长期处于过冷或过热的环境，人体的自主性生理调节会一直处于紧张、疲劳状态，如果不加以防护或补救，可能会出现死亡等不可恢复的伤害。

你知道吗？

空气温度在一天中的最高值出现在午后两点左右，而不是中午，日出前后为最低值而不是午夜。因为空气与地面间因辐射换热而升温或降温都需要经历一段时间。在全球变暖和快速城市化背景下，高温热浪天气更频繁，而寒冷天气相对减少，但是低温存在"滞后效应"，即在低温寒潮发生 1 周或 2 周后才开始对人群造成影响，容易被忽视，而且低温影响的持续时间比高温更长！

3.17　湿度对人的健康有哪些影响？

湿度是表示空气干燥程度的物理量，生活中常用相对湿度来表征。相对湿度是指空气中所含水蒸气量与相同空气状态下饱和水蒸气量的百分比。相对湿度越高，空气中的水蒸气压力越大，人体皮肤表面的蒸发量越少，在偏热环境下，空气湿度偏高会增加人体的热感觉。一般来说，人体适应的湿度范围为 30%～70%，湿度为 40%～50% 时感觉最为舒适。

夏季空气湿度过高会影响人体散热。皮肤与外界的热交换形式包括：对流（通过气流的浮力将皮肤表面的热量带到环境空气中）、长波辐射（热量从皮肤表面辐射到周围温度更低的物体表面）和汗液蒸发（汗液蒸发吸热变成水蒸气，将热量从皮肤表面的汗液转移到空气中的水蒸气中）。当空气温度和物体表面温度高于皮肤温度时，身体不能把热量传递给周围空气和物体表面，只能通过汗液蒸发来散热。当空气湿度过高时，人体汗液蒸发散热的过程受到抑制，将导致身体内部温度上升，对心血管系统造成压力，加剧心脏相关疾病发生，并可能导致热疹、热水肿、热晕厥、热痉挛、热衰竭和中暑，甚至可能危及人的生命。

过高和过低的湿度均会引发相关疾病。空气湿度与心血管疾病的发病和死亡相关，室内高湿环境可能通过激发老年人体内氧化应激，促进血栓的形成，影响老年人心肺健康。空气湿度还会对人体呼吸系统造成影响，直接作用于呼吸道及其黏膜表面。湿度过高时，人体上呼吸道黏膜表面的对流和蒸发冷却作用降低，黏膜表面得不到充分冷却，使人感到吸入的空气闷热、不舒适；湿度较低时，呼吸道黏膜表面会变得干燥，使呼吸道外表面黏液聚集，导致其上绒毛的清洁作用和噬菌作用都有所削弱，容易感染呼吸道疾病，还可能会延长病毒的存活时间，使得流感病毒通过空气传播的能力增强。

空气湿度也会影响室内微生物的生长，从而对人体健康产生间接影响。浴室、卫生间、厨房等潮湿环境会促进霉菌生长，引发鼻塞、咳嗽、过敏、神经和内分泌紊乱等病症，对于身体抵抗力弱的人还会造成真菌感染症。我国沿海、多雨及潮湿地区的建筑，以及近水、地下等高湿环境的建筑，应该重点采取除湿、防潮或防水等措施，控制水分传递，抑制霉菌繁殖。

3.18　什么因素影响人体热舒适？

热舒适是人对热环境的主观满意程度。人体通过自身的热平衡和感觉到的环境状况获得是否舒适的感觉，包括生理和心理方面。影响热舒适的因素可以分为环境因素和个体因素，环境因素主要包括空气温度、空气湿度、空气流速、平均辐射温度等，个体因素包括人体代谢率、服装热阻和社会心理等。

（1）空气温度。室内空气温度决定了人体表面与环境的对流换热温差因而影响了对流换热量，是室内热环境因素中对人体热感觉最重要的影响因素。人并不能直接对空气温度等参数产生相应的感知，而是通过身体的温度感受器，在其受到冷热刺激时，发出脉冲信号，使人产生热感觉。

（2）空气湿度。空气湿度对人体热舒适的影响受到温度、风速耦合作用的影响，并且取决于人体热感觉、皮肤湿度和呼吸系统舒适性的综合感觉。当空气温度在舒适范围内时，相对湿度对人体热感觉的影响很小。

（3）空气流速。空气流速会影响人体与环境的热交换速率。人体对空气流动并没有特定的感受器，需要依靠其他知觉系统，如皮肤压力感受器可以感觉风的强度，温度感受器可以感知气流的冷热。人们把空气流动造成的不舒适的感觉叫做"吹风感"，导致不舒适的最低风速约为 0.25m/s。在偏热环境或极端热环境中，空气流动能够促进人体散热，改善人体的热舒适。

（4）平均辐射温度。平均辐射温度决定人体与周围环境辐射散热的强度。由于室内壁面与人体表面的温度不同，壁面与人体也会以热辐射的形式进行热量交换，交换热量的多少取决于壁面的温度、人与壁面的角度，以及建筑材料吸收或散发热量的能力。

（5）人体代谢率。人体代谢率是指人体通过代谢将化学能转化为热能和机械能的速率，通常用人体单位面积的代谢率表示，单位为 met，$1met = 58.2W/m^2$。1met 是成年男子静坐时的代谢率，正常健康人 20 岁时的最大代谢率可以达到 12met，70 岁时会下降到 7met。

（6）服装热阻。服装在人与环境的热交换中发挥着保温和阻碍湿扩散的作用，被称作是人体的"第二层皮肤"，常用单位为 clo 和 $m^2 \cdot K/W$，$1clo = 0.155m^2 \cdot K/W$。夏季服装一般为 0.5clo，冬季室外服装一般为 1.5～2.0clo。由皮肤湿度造成的不舒适还与服装和皮肤表面的摩擦有关，皮肤表面汗液越多，两者之间的摩擦力越大，人体感到越不舒适。

（7）社会心理因素。包括受教育程度、月收入、同伴关系和交通方式等。心理因素受热历史（居住时长和气候区差异）、室外暴露时长、环境整体满意度和访问空间目的的影响。

除了以上的因素以外，热舒适还受到垂直温差、辐射不均匀性等物理因素的影响。例如，头部周围温度比脚踝周围温度高得越多，感觉不舒适的人就越多；人体对热辐射顶板比对垂直热辐射板敏感，对垂直冷辐射板则比对冷辐射顶板敏感。

3.19　为什么不同群体对室内环境偏好不同？

在日常生活中，常常会听到："我特别怕冷""我特别怕热""我很怕吹风""我不喜欢潮湿的天气"……是什么原因导致看似健康的人群会有不同的环境偏好呢？是否与人的性别、年龄、体质和生活习惯等个体因素有关呢？事实上，相比于成人，儿童对于室外热环境更为敏感，原因在于儿童的身体热调节机制不够成熟，保持自身热稳定的能力不如成人；女性对寒冷比男性更敏感，面对较冷的环境，女性的皮肤温度低于男性，尤其是手部、大腿、小腿和足部更容易产生冷的感觉；随着年龄的增长，老年人皮肤的温度感受器密度降低，对环境的变化不容易察觉。由于身体肌肉量的降低、汗液分泌减少、皮肤血流量降低，其自身体温调节的能力也变弱。因此，老年人需要格外注意冷热防护。

体质是一种客观存在的生命现象，是个体生命过程中，在先天遗传和后天获得的基础上表现出的形态结构、生理机能以及心理状态等方面综合的、相对稳定的特质。中医学者认为，人体对大气环境的这种长期遗传适应性，是体质形成的重要条件，也是人体固有的生理节律得以形成的基础。人体节律、体质与气候适应之间的这种关系，是中医学"天人相应"思想的具体体现。历经 40 多年，通过大量的临床实践和现代医学手段，中医体质学科研团队发现并证实了中国人的 9 种体质类型（平和质、气虚质、阳虚质、阴虚质、痰湿质、湿热质、血瘀质、气郁质和特禀质）。中医体质学认为不同体质的人具有不同的环境适应能力和心理特征。

从健康的角度来看，首先要读懂自己的身体，了解自己的体质类型，才能更科学地选择与自身相适应的衣食住行的健康生活方式，减少患病风险。研究表明，冬季供暖条件下怕冷体质（阳虚质）的温度可接受度比适应能力强体质（平和质）低 57%，"寒冷"感出现概率高，手肘平均皮肤温度低 2.4℃，最低可达 6℃。因此，室内环境调控应该考虑不同体质人的环境偏好。而生活习惯因素体现在，冬季相同的室内温度下，习惯使用空调供暖的人通常感觉更冷；反之，习惯夏季使用空调降温的人比不经常使用空调的人更怕热。另外，饮食习惯可能会影响代谢率，从而间接影响人体热环境偏好。体型是影响热舒适度的另一个因素，散热取决于体表面积，一个又高又瘦的人比体型圆润的人具有更大的表面积与体积比，更容易散热，从而能够忍受更高的温度。

3.20　为什么南方湿冷比北方干冷感觉更冷？

人的体感温度不单取决于空气温度，而是受到温度、相对湿度、风速、太阳辐射等多个环境因素的共同作用。假设在冬季南方和北方相同的室温下，室内都是静风状态，且没有明显的太阳辐射，则相对湿度起着主要的影响作用，偏冷高湿环境导致体感温度降低，因此人在南方室内感觉更冷，也就是"湿冷"（图 3-7）。

人们感觉湿冷的原因，一方面是湿冷空气增加了人、服装、环境之间的热交换。由传热学的知识可知，水的导热系数大于干燥空气的导热系数，所以相对湿度高的空气中水蒸气的含量更高，其导热系数会大于干燥空气。冬天气温较低，加上南方空气潮湿，空气导热性能更好，使得人体的热量被源源不断地传到周围的空气中，加速人体散热，人体的热辐射也被空气中的水蒸气所吸收，持续的热量损失使人感觉越来越冷。另一方面，由于服装具有吸湿性，低温高湿环境下，服装吸收了汗液后导致导热系数增加，热阻下降即保暖性能降低，使更多的热量通过服装传递给外界空气，增加人体的冷感。相较于北方，南方地区多潮湿阴雨，光照条件较差，热源不足，也是让人感觉冷的另一个重要原因。

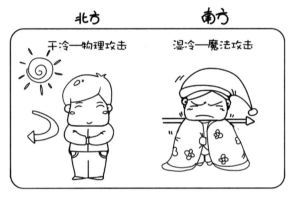

图 3-7 "物理攻击"与"魔法攻击"

你知道吗？

减少冬季室内湿度可以有效降低湿冷感，可采取的做法：① 减少室内水分的产生。做饭时加锅盖，在室外晾晒衣服（不要晾晒在室内或室内加热设备上），把衣物烘干机的水汽排到室外。② 加强室内通风，及时排出室内潮湿空气。可在浴室、卫生间的天花板上安装排风机，减少水蒸气冷凝。尤其在做饭或洗澡时，应关闭厨房或浴室门，之后把水蒸气排到室外。③ 增加房屋的隔热和气密性。若房屋墙面、窗户等隔热和气密性较弱，则会出现湿气渗透（湿气渗透到建筑内的墙壁上）和水蒸气冷凝（在窗框、门框等寒冷的表面上凝结成水珠）。④ 采用新风除湿机降低送入房间的空气的湿度，或者采用家用除湿机。

3.21　如何改善建筑的热湿问题？

　　建筑与室内外环境持续换热的途径主要包括建筑围护结构的导热、透明围护结构的太阳辐射得热、建筑缝隙渗透风及室内热源散热四部分。因此，要解决建筑热湿问题，可以从建筑围护结构保温隔热、建筑通风和建筑遮阳等方面着手（图 3-8）。

图 3-8　建筑热湿环境影响因素示意图

　　（1）建筑围护结构保温隔热。冬季，通过增加隔热层来增加墙壁和屋顶的热阻，减少建筑向周围空气散热，有助于减少供暖需求，并且会使室内维持更高的温度。使用中间充满惰性气体的双层或三层玻璃窗户，可减少热量从窗户的散失。考虑到夏季我国普遍炎热，围护结构外表面综合温度较高且波幅可超过 20℃，造成围护结构和室内温度出现很大的波动，围护结构内表面平均辐射温度大大超过人体热舒适热辐射温度。因此，在建筑外表面（主要是屋顶和墙壁）上使用特殊的材料和涂层，提高对不同波长辐射的反射率，可以显著减少进入室内的热量。

　　（2）建筑通风。建筑通风是建筑物实现热湿控制的最重要手段之一。传统的建筑通风技术包括自然通风和机械通风。室外气候适宜时，通风可以带走室内的热量和湿气，改善室内条件并提供新鲜空气。夏季夜晚室外温度通常较低，充足的通风可以冷却室内空气和壁面，减少空调的使用时间。因此，在建筑设计阶段应充分考虑房间窗户朝向、开口大小，最大限度地利用当地的自然通风潜力。

（3）建筑遮阳。建筑遮阳通过防止太阳直射，在室内和室外环境之间形成热缓冲，削减太阳辐射得热。遮阳设施设置在窗户内侧和外侧，都可以不同程度地反射部分阳光。外遮阳设施对太阳辐射得热的削减效果比内遮阳设施好很多。

你知道吗？

提升围护结构保温能力，不仅可以维持室内温度，还可以起到防潮防霉的作用。围护结构保温能力弱会导致建筑墙壁内表面温度过低（即低于室内空气露点温度），引起内表面结露，导致发霉、腐蚀、材料性质发生变质。同时，由于霉菌孢子扩散，还会产生臭味，恶化室内环境。

3.22 如何改善居住区室外热舒适？

在城市居住区，往往会因为建筑布局、下垫面及绿化配置不合理等情况引起不同区域的温度差异，导致居住区热环境的恶化。为了缓解这些负面影响，人们提出了从建筑布局、绿色植被、下垫面材料和水体等方面进行改善的措施。

（1）建筑布局。建筑朝向、建筑类型、建筑密度与建筑高度等对居住区室外热舒适改善有较大的作用。通常而言，迎合夏季主导风向，采用散点式布局的小区具备更好的通风散热条件，其室外热环境优于围合式小区。小区内的建筑采用首层架空的方式，同样有利于加速空气流动和散热，而且提供了更多的遮阳空间。

（2）绿色植被。不同的植被类型、绿地类型、绿地布局、冠层搭配及植物配置，可以通过蒸腾作用、遮荫改善和缓解热环境。屋顶绿化是改善居住区热环境的重要途径之一：既可以利用土壤水分蒸发和植被蒸腾的过程带走热量，又可以利用植被和土壤反射、吸收太阳辐射，降低屋顶表面和其周边温度，还可以通过植被和土壤来削减传入建筑物内部的热量。

（3）下垫面材料。城市居住区下垫面由不同材质（草地、砖块、嵌草砖、沥青、混凝土等）的路面组成。不同类型和比例的下垫面减热策略不同，应考虑下垫面反射率、导热系数、蓄热性能等属性进行合理的配置。有研究对比了六种下垫面类型后发现，沥青下垫面对大气的加热作用最强，荷兰砖与水泥下垫面次之，草地、嵌草砖和大理石下垫面最弱。

（4）水体。水体对城市小气候有显著的调节作用，大到湖泊、河流、湿地，小到池塘、喷泉等。水体热容量较大，白天大量水分蒸发，将能量向外输送，起到降低周边区域温度，增加空气湿度的作用。一般来讲，动态水降温增湿作用强于静态水，水体面积越大降温增湿、提高风速作用越强。然而，小型水体因为体量较小，小气候效应更容易受下垫面材质、空间开敞程度、周围植物绿量等因素影响。实际建设中需综合考虑多种因素，单纯依靠水体自身的调节能力实际效果可能并不理想。

你知道吗？

虽然水体对微气候有一定的调节作用，但从整体来看，水体的降温增湿作用不如植物显著，如乔木遮阴大幅削弱了太阳辐射强度。因此，增加乔木覆盖，水体和植物结合降温增湿作用更显著。

主动健康的密码

——建筑中的健身与人文因素

4.1   身体活动对健康有哪些影响？

身体活动，也称体力活动，WHO 将其定义为由骨骼肌收缩引起的，产生并伴有能量消耗的任何身体运动，包括职业活动、交通出行活动、家务活动和业余活动。业余活动是指工作、交通或家务之外的活动，包括各种形式的运动健身活动等。

积极和充足的身体活动是保证人体整个生命周期健康的重要基石。有规律的身体活动有助于预防慢性疾病，并且对降低死亡率具有积极作用。研究显示，身体活动可降低患心血管疾病的风险；降低患 2 型糖尿病的风险；改善血压、胆固醇和血糖水平；降低患癌症风险并有助于癌症患者的康复；增强骨骼和肌肉；创造更多的社交机会；帮助预防和管理心理健康问题。身体活动不足已成为影响居民健康的重要的因素，是全球范围内造成死亡的第 4 位主要危险因素，导致全球死亡率为 6%。研究发现，与活动充足的人群相比，身体活动不足（如久坐不动）可增加 20%～30% 的死亡风险。《中国居民营养与慢性病状况报告（2020 年）》显示，我国 22.3% 的成年居民身体活动不足，高达 86.0% 的 6～17 岁儿童身体活动不足。

全面的身体活动应包括专门的体育运动，如跑步、游泳、跳绳等，也包括日常生活活动，如骑自行车上下班、饭后步行、室内清洁卫生等。不同形式的身体活动，对健康的作用不同。有氧运动可以改善和提高心血管、呼吸、内分泌等系统的功能，减少身体脂肪，保持理想体重，如快走、游泳、骑自行车、广场舞、太极拳、广播操、乒乓球等球类活动；抗阻运动可以维持或增强肌肉力量、耐力和肌肉的体积，提高基础代谢，控制体重，延缓骨质疏松，有助于防止跌倒，维护独立生活能力及减少损伤、疼痛，如举重、提重物、弹力带练习、平板支撑、俯卧撑、器械练习等；柔韧性练习可以促进肌肉放松，增加关节活动度，减少疲劳，降低受伤的风险，减少肌肉酸痛，如压腿、运动健身器上的牵拉等；平衡协调性练习有助于防止跌倒，增加灵活性，如闭眼单腿站、瑜伽等。

《中国人群身体活动指南（2021）》提出身体活动的16字原则：动则有益、多动更好、适度量力、贵在坚持。身体活动促进健康不在一朝一夕，而在于长期坚持，应根据个人身体状况量力而行、循序渐进，避免伤害和风险。

4.2　社区游乐场对儿童健康有哪些影响？

实践证明，儿童智力认知发展与丰富的阅历密切相关，儿童对于环境的感知，尤其是对户外环境的反应比成年人更为活跃。为儿童提供多样的公共游乐设施和场地，可以更好地激发儿童的活动参与兴趣，发展运动能力，协调身体机能，还能减少儿童肥胖等问题。社区游乐场对儿童健康的影响主要有以下几个方面：

（1）强身健体。户外运动可以呼吸新鲜空气，提高血液中的红细胞携氧量及白细胞吞噬病菌的能力，有利于促进儿童青少年骨骼系统发育，增强心肺功能和体质，提高免疫力，预防肥胖和慢性病，使身体更为健壮。

（2）促进大脑开发。运动可以提升大脑皮层神经细胞活动的强度、灵活性、均衡性及大脑分析的综合能力。通过玩耍和运动，孩子识别物体的能力、语言表达的能力和思维想象创造力均会得到显著提升。

（3）磨炼品质。儿童在活动时总是伴随着强烈的情绪体验和明显的意志努力，活动过程中也会锻炼儿童与伙伴共同配合、携手奋进的能力，促进儿童保持积极健康向上的心理状态，对培养良好的情绪和意志品质、形成良好的性格特征起到积极作用。

（4）发展情商。在游乐场，儿童可以一起享受运动的快乐，对其社会性和情感发展十分有益。通过合作、思考、讨论、借鉴等交流过程培养孩子较强的适应能力、规范个人行为、学习他人优点、培养合作精神。

社区游乐场是离儿童居住地最近的户外游乐设施，具有可达性、便捷性、安全性、多功能性等特征，是茶余饭后或者周末休息时，家长和孩子们更愿意去一起玩乐的地方。游乐场不仅能使儿童释放自我活力，增加亲子互动，还能增强邻里关系，提高社交能力，提升居住地的亲和度和居民的归属感。因此，社区游乐场的规划设计十分重要。

4.3   老年人应该如何健身？

随着年龄的增长，老年人的运动、认知、感觉、免疫等重要身体功能和脑力逐渐下降，并出现与老龄相伴的多种慢性疾病。保持适度的身体活动水平，对老年人各系统器官的功能下降、障碍和各类疾病有预防与康复的作用，对提高老年人的健康寿命、助力健康老龄化尤为重要。

在老年人的日常生活中，应安排适当的、有规律的、综合的身体活动。如快走、游泳、跑步、骑自行车等有氧运动，能够改善老年人心肺功能、提高机体对氧的摄取和利用、维持体能和耐力。通过运动器械如哑铃、沙袋、弹力带等肌肉抗阻运动，能够改善老年人肌肉和关节功能。在肌肉练习基础上，老年人还应注重平衡能力、灵活性和柔韧性练习，可以降低跌倒风险，预防骨折的发生，如太极（图4-1）、瑜伽、舞蹈等活动可以帮助老年人保持体能和耐力，延缓肌肉的衰减和矿物质的流失，维持关节灵活性和身体平衡能力，推迟大脑退化。

对于65岁及以上的老年人，如果身体状况良好、有锻炼习惯、无慢性病，可以每周进行150～300分钟中等强度或75～150分钟高强度有氧活动，每周至少进行2天肌肉力量练习，保持日常身体活跃状态。身体活动之前的热身和之后的恢复需要进行柔韧性训练，既可以增加韧带的柔韧性和协调性，又可以降低受伤的风险。高龄、虚弱或者身体不允许进行中等强度身体活动的老年人，应该以自己身体允许的水平为起点，尽可能多地参加各种力所能及的身体活动，对其健康都是有益的。

图 4-1 老年人打太极拳

你知道吗？

我们常用运动中的心率判断和监测有氧运动强度，运动中的心率为储备心率（储备心率＝220－年龄－安静心率）的40%～59%时是中等强度。也可根据运动中的主观用力程度判断运动强度，如运动中感觉微微出汗，心率和呼吸稍加快，能连贯讲话但不能唱歌，通常就是中等强度，如果运动中气喘吁吁，讲话断断续续，则为高强度。

老年人在进行身体活动时要注意以下几点。首先，选择自己熟悉或者习惯的活动项目，避免高强度高风险项目如马拉松、高强度间歇性训练等，避免对骨骼和关节冲击性强的活动如跳绳、跳高和举重等。其次，选择熟悉的环境，注意保暖和降温，避免寒冷和高温对心血管系统的不利影响。再次，活动前要做好热身，活动后要做整理活动，避免突然改变体位引起体位性低血压。最后，特别强调老年人每天的身体活动强度或活动总量要控制在自己身体可接受的范围内。

4.4 如何正确居家健身？

新型冠状病毒的快速传播打乱了人们的生活节奏。在疫情防控期间，人们居家时间增多，导致活动空间受限，使用电子产品时间增多，加之心理上的压力，容易出现肥胖、免疫力降低、视力下降等问题。居家健身不仅可以满足人们身体活动的需要和增强体质，还可以舒缓焦虑情绪。

居家健身的过程分为热身、正式运动和放松拉伸三个部分。运动前的热身运动可以提高机体、肌肉的温度和确保肌肉充分供氧，以获得最佳的柔韧性和运动效率，对预防损伤至关重要。热身活动要循序渐进进行，先进行关节热身，充分活动踝、膝、腕、肩等关节，然后进行跳动的动态热身，提升心率和肌肉温度。热身结束后，开始正式运动。锻炼后的放松拉伸与热身同等重要，可以帮助减少肌肉中乳酸的堆积，减缓心率，避免产生肌肉痉挛和僵硬。

居家健身可以进行徒手健身和利用辅助工具健身。徒手健身按照能量代谢方式可以分为有氧运动和无氧运动。比较适合居家锻炼的有氧运动包括广场舞、瑜伽、太极拳、单腿站立、原地高抬腿走等。适合居家锻炼的无氧运动包括俯卧撑、引体向上等针对上肢力量的训练，卷腹、平板支撑、登山跑等针对核心力量的训练，深蹲等针对下肢力量的训练。此外，居家运动受场地限制，可以选择一些小器械辅助锻炼，如瑜伽球、弹力带、拉力带、普拉提圈、瑜伽环。

受环境因素及个体差异的影响，居家运动时需要注意安全、强度、扰邻、场地等问题：① 安全第一。居家运动应在确保场地安全的前提下，选取与自身健身水平相符的动作，控制运动量和运动强度，一般单次运动时长以 30~50 分钟为宜。② 循序渐进。进行锻炼时，应注意控制运动量并先从较低的运动强度开始，待身体适应后再逐步增加运动强度和运动量。如果感觉运动时轻微出汗，运动后身体放松，睡眠质量提高，说明此运动量较为适宜。③ 良好环境。不要在封闭的空间运动，建议选择空气流通、光线明亮、视野良好的空间。④ 避免扰邻。选择瑜伽、俯卧撑、拉伸等低噪声活动，避开中午、晚上休息时段，减少噪声对周围邻居的影响。⑤ 营养均衡和睡眠充足。健身需要每日补充足量的碳水化合物、蛋白质及各种微量元素（如钙、铁、锌等），多吃水果和蔬菜，少吃脂肪含量高的食物。同时，应保证充足的睡眠时间，成人每日睡眠时间以 7～8 小时为宜。

你知道吗？

有氧运动是指人体在氧气充分供应的情况下进行的体育锻炼。整个过程中可以正常呼吸，特点是强度低、有节奏、持续时间长。有氧运动需要大量呼吸空气，可以增强肺活量和心脏功能。常见的有氧运动项目有慢跑、游泳、骑自行车、打太极拳等。

无氧运动是指肌肉在缺氧的状态下进行高速剧烈的运动。整个运动过程中无法按照一定的节奏完成正常呼吸。特点是强度高、持续时间短。无氧运动可以锻炼肌肉、增加耐力。常见的无氧运动有俯卧撑、短距离赛跑、举重、投掷、跳高等。

实际上几乎所有的运动（除了数秒钟的短暂运动外）都是既有"无氧"供能，又有"有氧"供能的混合运动。比如长跑，我们常称之为有氧运动，但如果到最后冲刺阶段，又变成了无氧运动。我们在日常训练中常说的"有氧"和"无氧"其实指的是以哪种供应能量的方式为主，而不是指非此即彼。

4.5 儿童活动场所应关注什么?

居住区是儿童日常最便捷的、除学校与家庭外最主要的活动场所,其中的儿童活动场地更是结交玩伴、认识世界、培养兴趣、游戏玩耍的主要区域,关系着孩子们的成长、安全、健康、教育等诸多方面。

孩子总是对新鲜的事物产生好奇。因此,设计儿童活动场地一个最重要的原则是"童眼看世界",即满足幼儿探索世界、交流交往、游戏玩乐等基本需求。年龄常常是儿童户外活动分组的依据,不同年龄段的儿童活动方式各有特点,游戏内容各不相同。① 1~3 岁阶段。这一阶段的儿童在活动时往往需要大人陪同看护,需要开阔安全的空间,因此活动场地的地面要柔软,活动设施的安全性要求更高。② 3~5 岁阶段。这一阶段的儿童已经逐渐长大,在活动中家长可以适当保持一段距离,因此活动场所需要就近配置家长休息区。同时,应增加更多的儿童互动性设施,如跷跷板、滑梯等。③ 5~10 岁阶段。这一阶段儿童的独立性增强,肢体活动能力已经逐渐成熟,身心不断发育,需要更多的社会性活动,包括儿童之间的交流,以及父母和儿童共同参与的活动。

儿童活动场所还应以安全为基础,将造型、空间感加入其中,同时注意尺度感、色彩、铺装、植物等其他细节。场所内所有的游乐设施要本着安全第一的原则,以锻炼儿童的体质与培养儿童的探索精神为目标。游乐设施应当避免棱角,结构稳定,尺度适宜,实现游戏难易程度的分级,让孩子们根据年龄有选择地使用。所谓尺度感就是对于儿童活动场地尺度的把控,尽量做到"小空间,多趣味"。游乐场所应区分外部道路和内部道路,外部道路应设计得简短便捷,方便儿童快速进入活动区域;内部道路则应适当增添趣味,方便儿童车辆、滑板等器材的使用。道路表面应平整防滑,通向幼儿活动场地的道路还应方便婴儿车通行。在所有的游戏设施下,应该采用保护性的地面,如沙地、塑胶、橡胶垫等。场地边界划分也十分重要,在儿童眼中,边界本身较为有趣,可以攀爬、钻行、隐匿。边界可由道路、植物或其他自然界线构成，形成封闭或半封闭、通透或半通透的视觉效果。除此之外是融入自然。儿童喜欢亲近自然，自然界中的水、树叶、花草、沙土都是他们喜欢的玩具。因此，场地植物应选用无刺无毒的品种，以乔木为主，灌木为辅，草坪使用耐践踏的品种。

4.6 什么是"15分钟健身圈"？

城市有半小时经济圈，健身也有15分钟的圈子。《体育发展"十三五"规划》对"城市社区15分钟健身圈"作了具体界定，主要是指"在城市社区，居民从居住地步行或骑行不超过15分钟范围内，有可供开展健步走、广场舞、球类运动等群众性体育活动的场地设施"。国务院印发的《全民健身计划（2021—2025年）》要求，到2025年，全民健身公共服务体系更加完善，人民群众体育健身更加便利，县（市、区）、乡镇（街道）、行政村（社区）三级公共健身设施和社区15分钟健身圈实现全覆盖。

"城市社区15分钟健身圈"建设最直接的影响就是全民健身场地设施的供给增多，尤其是"双减政策"出台之后，孩子们的课余时间增加，对体育设施的需求也会相应增加，将很好地解决老百姓去哪里健身的问题。大城市寸土寸金，15分钟健身圈并不是追求大型、高端化的场馆，而是将城市绿道、健身步道（图4-2）、自行车道、全民健身中心、体育健身公园、社区文体广场以及足球、冰雪运动等群众身边的场地设施建设，与住宅、商业、文化、娱乐等建设项目的综合开发和改造相结合，合理利用疏解腾退的空间、城市空置场所、地下空间、桥下空间、公园绿地、建筑屋顶、物业附属空间，提供更加便民、利民的健身设施，让健身融入人民群众的居住生活环境，实现"运动自由"。在社区，还可以充分利用物业管理用房、社区党群服务中心等家门口资源，建设乒乓球场、羽毛球场等设施。

图 4-2　健身步道示意图

你知道吗？

　　对于城市居民，走路和跑步是非常便捷却行之有效的锻炼方式。研究表明，走路可以帮助预防多种癌症，提高免疫力，预防心血管疾病，缓解骨质疏松，调节睡眠，消除压力。与每天走路不到 4000 步的人相比，日行 8000 步会降低 51% 的死亡风险，而日行 12000 步会降低 65% 的死亡风险。而慢跑作为居住区各年龄段人群接受度最广的运动方式，能够起到强身健体和减肥塑身的作用。慢跑促使人体释放令人身心愉悦的神经递质如内啡肽、多巴胺和肾上腺素，利于消除烦恼、抑制不良情绪。

　　"15分钟健身圈"除了提供健身设施等硬件，还有很好的交流和服务功能，吸引大家更积极地动起来。左邻右舍通过踢毽子、健步走、打乒乓球等多种多样的健身活动，主动融入附近的"圈"，在和"圈友"们的互动交流中挖掘兴趣、感受健身快乐。此外，通过在"圈"中配备社会体育指导员，提供专业的体育锻炼培训和公益课程，可以达到更好的健身效果，提高体育运动的吸引力，实现健身"圈粉"。

4.7 什么是"轻健身"？

提到健身，大家脑海中第一时间会想到满是器械、跑步机等设备的大型健身房。事实上，健身的方式正随着科技的进步和生活模式的改变悄然发生改变。云健身、骑行、飞盘、滑板、棒垒球、皮划艇等一系列的"轻健身"方式日渐兴起。与跑步、"撸铁"等传统健身相比，规则简单，弱化了身体对抗，趣味性更高，普适性更强。

轻健身项目虽然没有太高的运动基础和门槛要求，但运动前仍需要做好充足准备，避免运动伤害。在运动前，首先要了解该项运动的必需装备，如穿着速干衣物和脚感舒适的运动鞋，按需佩戴防滑手套、护膝等护具。其次，在正式运动前要进行5～15分钟热身，避免在运动过程中出现抽筋和受伤的情况。在运动过程中还需要预先准备好充足的饮用水和运动饮料，遵循少量多次的补水原则，保证每半小时补水或运动饮料150～200毫升，在运动时间长、出汗多的情况下以补充运动饮料为主。此外，运动后仍要注意补水，切忌豪饮猛灌，应少量多次、慢慢地喝。同时，在运动结束后勿立即停止并坐下休息，而应通过缓和、轻松的拉伸运动放松身体，加快恢复，减轻运动后的肌肉酸痛症状。

轻健身项目对于场地和设施的要求更加简单，适于在家中或社区开展。现在也出现了轻健身24小时自助健身房的模式，它是在以健身房为载体的基础上，实现24小时运营的一种共享空间，主要为中国高密度城市居住型社区提供服务。轻健身最显著的特点是"小"，适应于社区的零星公共空间，有利于将这些空间"变废为宝"，成为社区居民重要的日常健身场地和社交场所。较小型的场地，提供了运动时间更加灵活、实现难度更低、覆盖范围更大的健身锻炼条件。

4.8 公共空间如何促进健身？

体育空间是居民体育活动的主要载体和物质基础，既包括专门设置的体育空间，如健身步道、骑行道、健身广场、体育公园等，又包括一定条件下潜在的公共体育空间，如绿地、道路、城市公园、广场、街道、山水资源等。健身活动种类众多，很多运动项目不拘泥于场地的规格，社区户外或者建筑室内闲置、未被充分利用的公共空间均可能开辟成体育活动的场所。对大多数人来说，在健身房保持规律的运动较难完成，相反地，中等强度的、在"非专业健身场地"进行的休闲健身运动更为便捷和有效。

在建筑室内，通过配置健身设施或开发健身区域，设计室内动线和激励标识等多种途径营造运动氛围和给予科学指引，可以激发人们参与健身活动的兴趣。一项研究表明，通过爬楼梯进行的被动日常运动，可以有效减少人们每日摄入过多的能量，预防肥胖症的发生。以增加楼梯使用为例，应在设计中鼓励人们减少电梯使用，增加楼梯使用，消耗身体热量，增强韧带力量和提高新陈代谢速度。具体来讲，可以将楼梯设置在靠近建筑主入口的地方，并在入口处设置明显的引导标识便于选择。为进一步提高使用楼梯的意愿，应在楼梯间引入天然光，提供良好的通风和视野，将楼梯墙面、扶手、台阶设计的更加新奇有趣，如琴键音乐台阶、标注卡路里数等。与此同时，因上下楼梯会给膝盖带来很大压力，应在入口和楼梯口标记明显的提示信息避免膝关节不好的人爬楼梯。除楼梯使用外，还可以利用建筑内入口大堂、休闲平台、走廊、茶水间、共享空间等其他公共空间创造健身的条件。

在社区户外，公共空间往往具有多种属性，稍加利用便可以同时或分时段进行不同的活动。例如，在不影响小区内部通行的前提下，将部分步行道改为健身步道；在休憩交流空间的小广场或空地提供八段锦、太极拳等活动的图示说明；适当增加户外的健身设施种类和数量，照顾到闲置区域的利用和各居住群体不同的诉求。例如，可以设置适合运动的器械区、太极区、压腿区；适合综合活动的棋牌区、康复区、遛鸟区；适合孩子们游玩奔跑的儿童乐园区。在细节方面，康复区的器械应安装把手和注明使用方法，方便老人使用；儿童区应铺设塑胶地面，防止孩子奔跑摔伤；棋牌区外围设置遮挡，避免锻炼人群打扰；在活动区域提供洗手点和直饮水点等。通过整体空间的科学利用和细节设计的全面关照，提高社区健身活动空间的安全性、实用性、卫生性、趣味性，将有效地提升居民健身的主动性。

4.9 为什么应设置交流空间？

交往是人的基本需求，人们通过交往相互接触、交流、互动，进行信息、物质、情感的交换。根据马斯洛提出的需求层次理论，社交需求是在生理需求和安全需求之上一层的需求。哈佛大学针对"什么会使我们保持健康快乐"做了一项调查，调查从1938年开始，进行了70多年，研究者跟踪记录了724人的工作、生活和健康状况等。最后得出的结论是：好的人际关系可以使人们更快乐和健康。对于老年人，减轻孤独感有助于延长总预期寿命和健康预期寿命；对于儿童，交流可以促进智力发育和心理健康发展。在建筑中设置可以激发人们交流意愿的空间，对工作沟通和身心健康都有重要的意义。

不同类型的建筑因使用人群不同，对交流场地的需求不同。对于居住建筑，老年人与儿童有更多的时间和更强的意愿进行活动，通过设置下棋、沙坑、活动室等场地，创建丰富日常活动、分享生活趣事和交流情感的空间，可以提升社区凝聚力与活力。儿童在亲子交流、与朋友玩耍的过程中能够培养健康的心智和人格，促进社会性和情感的健康发展。对于办公建筑，根据使用人群特征、职业属性、工作模式等因素设置正式或非正式的交流空间，如中庭、资料室、健身中心、茶水间、廊道、室外广场等，可以减缓长期伏案工作、精神紧张、脱离自然的疲劳感，促进想法碰撞和提高工作效率。

在促进交往方面，目前有一些新的理念和模式。如包含综合生活服务、文化体育活动、生态景观公园、医疗卫生服务等复合功能的城市邻里中心、社区综合体，可以有效的提高交往活动的质量。再如，新型办公空间的"城市广场"不仅是接待大堂，还配有书店、咖啡店，是开放、随意、有趣的空间，为人们创造了更多相遇和交往的机会。因此，交流空间的设计应该从方案开始就研究人们可能的交往方式和需求，从而引导健康的社交行为和放松途径。

4.10 社区养老有哪些形式？

截至 2022 年年底，我国 60 岁及以上人口 28004 万人，占全国人口的 19.8%，其中 65 岁及以上人口 20978 万人，占全国人口的 14.9%。在我国，传统养老模式以居家养老为主、机构养老为辅。随着我国人口老龄化进程加快，社会养老压力不断增加，完善居家、社区、机构服务网络，推动家庭养老从传统型向现代型转变是必然趋势。社区居家养老符合我国老年人传统观念和养老需求，是实现老有所养的重要形式。

社区养老是指以家庭为核心，以社区为依托，以老年人日间照料、生活护理、家政服务和精神慰藉为主要内容，以上门服务和社区日托为主要形式，并引入养老机构专业化服务方式的居家养老服务体系。社区养老模式使老年人既能享受到家庭的温馨又可以提升生活品质，同时还可以降低家庭养老风险。

目前，我国社区养老主要有以下几种模式。

（1）"嵌入式"养老服务模式：即以社区为载体，以资源嵌入、功能嵌入和多元的运作方式嵌入为理念，通过竞争机制在社区内嵌入市场化运营的养老方式，整合周边资源，为老年人就近提供专业化、个性化的养老服务。可以采用多种运营模式，如政府托底购买服务、社区完善服务功能等，通过日托、助餐等方式，辐射到社区有需要的老年人群体，满足老年人就近养老的需求。

（2）政府购买服务模式：指政府将由自身承担的、为社会提供养老服务的事项，交给有资质的社会组织或街道、社区来完成，并建立定期提供服务产品的合约，由该社会组织提供公共服务产品，政府按照一定的标准评估履约情况来支付服务费用。主要有两种方式，一是政府补贴资金直接拨付给社区居家养老服务机构，由其向享受政府购买服务政策的老人提供特定时间和特定内容的服务；二是采用养老代币券、服务券的形式，由老人根据自己的需求自主选择服务时间和服务内容。

（3）智慧养老模式：指通过物联网、互联网等信息技术，搭建起信息资源集聚的平台，提供养老服务。智慧养老将分散的养老服务机构联合起来，构建养老服务云平台，形成一个虚拟的大社区，可以使老年人获得更加专业化的养老服务，还可以使政府部门更好地进行养老机构建设规划。智慧社区还可通过高效的通信网络、便捷的操作缩短老年人与社会的距离，使老年人更多地参与社会交往。

改善老年人的居住环境，打造老年友好型社区是实现社区居家养老的重要物质基础。在新建或改建社区，加强家庭适老化改造，普及家庭智能感应灯、床头报警器、人性化扶手等设施；聚焦公共文体设施适老、公共交通便老、老人轮椅出行无障碍等，加强社区公共空间适老化建设是重要的工作内容。

4.11　饮食环境如何促进健康？

随着生活节奏的加快和生活方式的改变，在外就餐的饮食行为变得越来越普遍，饮食环境成为人们关注的焦点。建筑作为饮食环境和就餐行为引导的基础物理条件，是健康膳食的重要影响因素。从服务场景来看，主要有饭店、酒店、校园、长者食堂等。

对于一个餐厅，不仅需要提供科学配置菜肴、制作低盐少油菜肴的服务、确保不同食物分区分类储存、烹饪和饮食环境的卫生，还需帮助就餐者合理点餐、控制饮食总量和饮酒适量、指导多吃蔬菜和少吃油脂含量高的食物，充当"健康管理员"的重要职责。这就要求餐饮经营者将营养内容纳入健康支持性环境建设工作中，通过制定健康卫生的饮食环境管理制度，提供种类多样搭配合理的食物、宣传食品营养和健康膳食的知识，从而积极影响消费者的用餐。在餐厅的设计方面，通过餐厅色彩设计、艺术小品布置、健康膳食标签提醒等方式可以营造轻松愉悦的就餐氛围和引导文明健康的饮食行为。

以学校构建健康食物环境为例，可以采取的措施包括：① 制定营养健康制度，如校园食品销售管理规定、食品店和自动售卖机不销售含糖饮料等；② 提供营养健康教育，根据不同年龄段儿童特点，利用教室、食堂等场所，采用竞赛、宣传栏等形式开展营养教育；③ 提供营养健康服务，如提供学生餐、健康体检、健康咨询、营养不足和超重肥胖的管理等；④ 配置相关设施设备，如学校食堂和餐厅、饮水和清洁设备、小菜园等；⑤ 在学校周边一定区域内，限制食品推广和促销活动，食品店不售卖"三无"食品，增加易于被儿童识别和接受的食品营养标签。我们可以看到，建筑环境在营造健康食物环境、养成健康饮食行为习惯中发挥着重要的作用。

4.12 色彩在建筑中如何应用？

色彩心理学是人体工程学的一个分支，是研究颜色如何影响人的感知和行为的学科。不同的色彩通过人的视觉反映到大脑，除了能引起人们产生阴暗、冷暖、轻重、大小、远近等感觉外，还能产生兴奋、忧郁、烦躁、安定等心理作用。色彩在建筑环境中的应用可以通过以下几个实例理解。

（1）快餐店不适合约会等待。这是因为很多快餐店的装修以橘黄色或红色为主，这两种颜色可以使人心情愉悦、幸福以及增进食欲，但也会使人感觉时间漫长，易使等待变得烦躁。相反，色调偏冷的咖啡馆更适合约会等人。

（2）室内色彩是"环保空调"。色彩可以通过影响人对温度的感觉，使人感觉舒适，并减少空调的使用。例如，使用白色或浅蓝色的窗帘和冷色的内装，会使人感觉凉爽。研究表明，暖色与冷色可以使人对房间的心理温度相差 2～3℃。

你知道吗？

处在同一平面上的颜色，有的颜色使人感觉凸出，有的颜色给人以退向后方的感觉。前者称前进色，后者称后退色。一般暖色如红、黄有前进感；冷色如青、绿有后退感。房间的墙壁及屋顶涂上后退色会感觉屋子宽敞高大。

前进色与后退色有很多影响因素，包括颜色的虚实、对比、亮暗、相邻、冷暖、大小等。例如，浅底上的小块深色感觉向后，而深底上的小块浅色给人的感觉则相反。

（3）色彩可以将空间感放大或缩小。较低的天花板会给人压抑的感觉，但淡蓝色等明度高的冷色，可以从感觉上"拉高"天花板。对于比较狭窄的墙壁，可以使用明度高的后退色，使墙壁看起来比实际位置后退，从而感觉宽阔。对于比较深的过道，可以在过道尽头的墙面上使用前进色，使墙面产生突出感，从感觉上缩短过道长度。

色彩心理学最为普遍的应用是在医院、校园、养老建筑中。对于医院建筑，医院住院部空间宜采用浅米色、米黄色为主，点缀绿色。护理单元根据不同的护理需求与治疗目的进行区分，例如妇科护理单元选择温馨浪漫的粉红色，这种颜色能够降低人的压力，安抚浮躁、缓解疼痛，对神经紊乱和失眠有一定的调节作用。对于幼儿园建筑，色彩选择和设计关系到幼儿的成长。例如鲜亮的红色、橙色可以刺激儿童心理活动，使儿童兴奋，提高他们的敏感性和创造力。试验表明，在类似这些色彩环境中测试，儿童平均智商可以提高 8%～10%。但是，如果儿童长期面对这种刺激，又会使神经紧张，导致缺乏安全感甚至产生暴力倾向。对于养老建筑，面对老年人生理机能衰退和心理空虚易抑郁的特点，建筑色彩设计应加强便于识别和记忆的作用，突出对老年人的心理安慰和心理调节。例如，老年人通常怕冷，在暖色环境中，红色的刺激能使人的心跳加快，从而产生热感。而对于容易激动、偏执、焦虑的老人，蓝色环境会产生清凉之感，具有镇静、安神的作用。色彩在人的生活中会产生诸多方面的影响，有积极的因素，同时也会带来相应的负面效果，建筑设计时应该通过科学的色彩设计趋利避害。

4.13　什么是无障碍设计？

在科学技术高度发展的现代社会，一切公共空间环境以及各类建筑设施、设备的规划设计都应充分考虑具有不同程度生理伤残缺陷者和正常活动能力衰退者的使用需求，切实保障人们的安全、方便、舒适，营造充满爱与关怀的现代生活环境。据 WHO 估计，全球大约有 10 亿人身患残障。中国残联统计的数据显示，截至 2020 年，我国各类残疾人总数已达 8500 万，约占总人口的 6.21%。如何通过无障碍设计让这一群体在生活中感受到的尊严与关爱，是建筑从业者的重要职责。建筑无障碍设计是通过对建筑及其构造、构件的设计，使残障者能够安全、方便地到达、通过和使用建筑内部的空间（图 4-3）。

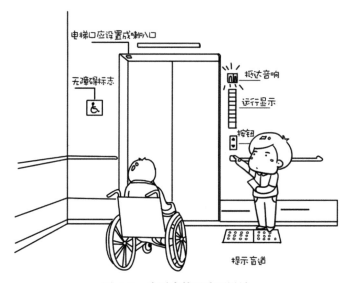

图 4-3　生活中的无障碍设计

　　环境障碍主要包括盲人、低视力者的视觉障碍；上肢残疾、偏瘫、乘坐轮椅、拄拐杖者的肢体障碍；听力功能性异常者的听力障碍等。无障碍设计就是从这些问题出发，考虑行为空间和活动方式需求，对道路、绿地、停车位、标识系统、入口、走廊、楼梯、电梯、厕所、房间等基本设施、空间、系统进行设计。例如，医疗康复建筑中病人、康复人员使用空间应设置无障碍通道，净宽不小于 1.80m，主要是考虑了两辆轮椅并行的要求。建筑无障碍设计重点实施的空间包括：① 交通环境：出入口、门厅、坡道、通道、楼梯、电梯等。② 卫生设施：厕所、盥洗室、浴室等。③ 生活空间：无障碍住房、无障碍客房、厨房等。④ 公共空间：观演、商业、图书馆、邮局、办公、运动、住宿、博物馆和美术馆等。场地与建筑的无障碍设计在现行国家标准《无障碍设计规范》GB 50763 中有详细的规定。

你知道吗？

以无障碍通道设计为例。

室内走道不应小于1.20m，人流较多或较集中的大型公共建筑的室内走道宽度不宜小于1.80m；室外通道不宜小于1.50m；检票口、结算口轮椅通道不应小于900mm。

无障碍通道应连续，其地面应平整、防滑、反光小或无反光，并不宜设置厚地毯。

无障碍通道上有高差时，应设置轮椅坡道。

室外通道上的雨水箅子的孔洞宽度不应大于15mm。

固定在无障碍通道的墙、立柱上的物体或标牌距地面的高度不应小于2.00m；如小于2.00m时，探出部分的宽度不应大于100mm；如突出部分大于100mm，则其距地面的高度应小于600mm。

斜向的自动扶梯、楼梯等下部空间可以进入时，应设置安全挡牌。

4.14　如何划分地面防滑等级？

据中国疾病监测系统的数据显示，跌倒已经成为我国65岁以上老年人因伤致死的首位原因。我国每年有4000多万老年人至少发生1次跌倒，卫生间是老人跌倒的重灾区。跌倒导致的伤、残会引起心理障碍，导致自理能力和信心的下降以及身体功能状态的衰退，形成恶性循环，甚至导致死亡。

滑跌通常是鞋、脚底与地面因意外失去摩擦力发生滑动，主要与地面防滑性能，鞋类防滑性能，水、油、光照等环境因素，步态、心理、生理等个体因素有关。在建筑设计时，提高室内外地面铺装材料的防滑性能十分重要。关于这部分的具体措施和要求，可以参照《建筑地面工程防滑技术规程》JGJ/T 331—2014。

（1）地面防滑指标

1）地面防滑性能：以静摩擦系数（COF）或防滑值（BPN）表达地面防止滑动的能力。

2）静摩擦系数（COF）是物体之间产生滑动时，作用于物体上的最大切向力和垂直力的比值。通常针对室内防滑地面而言。

3）防滑值（BPN）是英国钟摆计数测试法，是用动摆摩擦试验机测量滑动阻力的无量纲单位。

（2）地面防滑等级

建筑地面按工程部位分为室外地面、建筑室内底层地面及楼层地面。室内底层地面和楼层地面按照潮湿状态划分为干态地面和湿态地面。潮湿地面是指在室内很潮湿但无明水的地面，主要指厨房、卫生间、公共浴室、泳池附近、超市肉食部、餐饮制作间、菜市场及夏天南方地区的潮湿地面，室外地面均为潮湿地面。室内干态地面按摩擦系数（COF）划分防滑等级（表4-1），室外、室内潮湿地面按防滑值（BPN）划分防滑等级（表4-2），分为低、中、中高、高，即不安全、安全、很安全和非常安全。

室内干态地面静摩擦系数 表 4-1

防滑等级	防滑安全程度	静摩擦系数 COF
A_d	高	$COF \geqslant 0.70$
B_d	中高	$0.60 \leqslant COF < 0.70$
C_d	中	$0.50 \leqslant COF < 0.60$
D_d	低	$COF < 0.50$

室外及室内潮湿地面湿态防滑值　　　　　　　　表 4-2

防滑等级	防滑安全程度	防滑值 BPN
A$_w$	高	$BPN \geqslant 80$
B$_w$	中高	$60 \leqslant BPN < 80$
C$_w$	中	$45 \leqslant BPN < 60$
D$_w$	低	$BPN < 45$

4.15　如何在卫浴间设计中应用人体工程学?

卫浴间是家居住宅中最隐秘的空间，也是生活中使用频率最高的场所之一。卫浴间可以分为私密性较强的如厕区、沐浴区和私密性相对较弱的洗漱区。通常在平面布局上，可将三种行为单独隔离；也可以将如厕区与洗漱区混合、沐浴区单独划分。

不同的人群所需要的空间尺度不一样（图 4-4）。洗漱间通常用作洗脸和梳妆。对于洗脸台，男性的使用高度在 940~1090mm，女性则为 810~910mm，而儿童的高度仅为 660~810mm 之间。一般洗脸台的高度为 800~1100mm，900mm 为符合多数人需求的标准尺寸。梳妆镜的高度一般为 1300~1350mm，应根据家庭成员的高度进行调节，保持在 1300mm 左右，镜子中心保持离地 1600~1650mm。沐浴区的设计尺寸应在 1360mm×910mm 以上，保证有足够的活动空间。如果有老年人使用，则需考虑的因素更多。例如，如厕区应结合使用者的身体条件设置单侧竖向、L 形扶手或扶手架，洗漱区设置高度略低于台面或与台面相平的扶手，沐浴区设置横向、竖向扶手，确保老年人每个动作都有支撑。在空间尺寸方面，除满足卫浴设备的布置和使用空间需求外，还应考虑他人协助老人如厕、洗浴的操作空间，轮椅使用空间等需求。

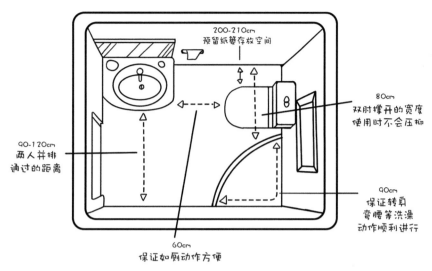

图 4-4 卫浴间的人体工程学应用示意图

卫浴间的卫生、健康和安全问题应该得到足够的重视。卫浴间长期处于一种潮湿的环境中，极易孳生细菌和发霉，最好的处理方式便是进行干湿分离，还可以避免各区域不能同时使用而造成空间的浪费。此外，还应做好通风设计，避免空气浑浊和霉菌孳生。有窗的卫浴间，应尽量多通风，无窗卫浴间应选择机械通风。在安全方面，卫浴间应做到地面防滑、电器防漏电、墙面有扶手等。

卫浴间空间狭小，色彩搭配十分重要。为了避免局促空间带来压抑感，卫浴间的色彩设计应以具有清洁和温暖感为原则。颜色以清淡为宜，白色是卫浴间最常见的颜色，辅以颜色相近、图案简单的地板，可以使整个空间视野开阔、清爽明快。

4.16 如何在厨房设计中应用人体工程学？

厨房是住房中使用最频繁、家务劳动最集中的地方。现代生活中，厨房不再是过去满足烹饪单一行为的要求，而已发展成收纳、加工、清洗、烹饪、配餐、交流互动等功能于一体的综合服务空间，需要有丰富的储存空间，足够的操作空间和充分的活动空间。

厨房是一个功能性极强的区域，分区布局是厨房的核心。其中，储藏区以冰箱为中心，洗涤区和操作区以水盆为中心，烹饪区以炉灶为中心，三者之间的连线围成一个工作三角形。这个三角形三条边长之和宜在 3.6～6.6m 之间：小于 3.6m，则工作面较窄；大于 6.6m，往返距离加大，容易使人疲劳，降低操作效率。总长在 4.5～6.0m 之间的效率最高，称为"省时省力三角形"。其中，洗涤池与炉灶之间的联系最为频繁，这一距离为 1.2～1.8m 较为合理。厨房的布置应大体遵循"拿—洗—切—炒"动线不交叉的原则。

你知道吗？

小型厨房建议用一字形和 L 形。一字形橱柜就是将操作台、灶台、水池等功能储物柜都排列在一条直线上，人在其中操作时工作轨迹也是呈一条直线；大型厨房建议用 U 形和岛形。U 形厨房是动线最短的一种设计方式，提高了效率，实用性强。岛形厨房中间的岛台上设置水槽、炉灶、储物或就餐用餐桌和吧台等设备，是西方开放式厨房经常采用的布局，要求厨房有足够的深度和宽度，对面积的要求较高。

厨房各个方位的尺寸直接对生活产生影响，如切菜洗菜顺不顺手、油烟机会不会碰头、上柜是否方便取东西等，因而厨房的设计尺寸十分重要。① 操作台高度。一般将操作台高度定在 750～900mm，具体的高度根据操作者的身高来调节（图 4-5）。操作者前臂平抬，从手肘向下 100～150mm 的高度为厨房台面的最佳高度。② 操作台深度。650mm 较为合适，可以满足一般水槽和灶具的安装尺寸；若厨房面积较小，深度可以选择不小于 500mm。③ 操作台宽度。男性、女性站立操作时所占的宽度通常为700mm、660mm，但从人的心理需要来看，须将其尺寸增大。根据手臂与身体左右夹角呈15度时工作较轻松的状态。④ 操作台下柜脚的容脚深度。为了使人身体能靠着案台的边缘、且能垂直站立操作，案台的柜脚需容脚深度约100mm。这样处理，可以提高案台站立操作的舒适性，减轻操作者的腰部疲劳。⑤ 吊柜设计。在吊柜的设计上，要考虑吊柜的深度和安装的高低，以避免碰头。吊柜最高的搁板不宜超过1820mm，否则不利于女性站在地面上取物。吊柜搁板深度应在300~330mm。⑥ 储藏设计。厨房的收纳量、位置分配、柜体尺寸等设计与操作的便捷、舒适、效率密切相关，应根据使用者自身条件和习惯进行合理设计。

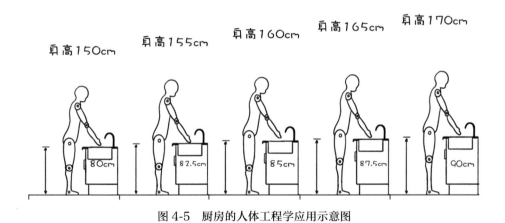

图 4-5 厨房的人体工程学应用示意图

厨房照明灯具的显色性对于辨别肉类、蔬菜、水果的新鲜程度十分重要。设计时应以暖色光为主，灯具亮度应相对较高，可以给人温暖、热情的视觉印象。在灯具的选择上，要尽量选择防尘、防水、防雾、防油的灯具。厨房是一个需要亮度和空间感的空间，应避免造成狭小、昏暗的感觉，通常在色彩选择上优先使用浅色调，起到扩大延伸空间的作用，避免大面积的深色调。

4.17　景观对人体健康有哪些影响？

景观一般指具有审美特征的自然和人工景观，如森林景观、城市景观等。早在19世纪末，风景园林学先驱奥姆斯特德便已洞察到景观对人身心的疗愈作用。随着研究的不断深入，景观对人类健康的促进效益逐渐被揭示。

（1）生理健康促进功效。景观空间能有效改善通风条件，缓解热岛效应，提升人居环境质量，减少人类的死亡风险。研究发现，绿色空间能隔离、吸收环境中的噪声；植物可以净化空气，降低有害气体与粉尘等污染物的浓度，减少呼吸道及心脑血管疾病的发生；植物产生的负氧离子，可以起到保健抗衰、清醒头脑等作用，还能增加免疫细胞的数量和活性、提高细胞内抗癌蛋白的水平，增强人体免疫力等。

（2）心理健康促进功效。乌尔里希等提出了压力缓解理论，即接触自然环境有助于更快地从压力状态中恢复。与绿色景观的距离越近，焦虑和抑郁的患病率往往越低。这是由于自然景观能够较好地舒缓人的精神压力和焦虑紧张情绪，而神经系统可以改善免疫系统，提高对疾病的抵抗力，有助于身心康复。因此，在自然景观中进行散步、钓鱼、骑行、划船等活动，能够更加有效地减少愤怒、困惑、抑郁、焦虑等不良情绪的发生。

（3）认知功能促进功效。认知功能水平与人一生的行为发展、学业表现、工作业绩、创新能力等密切相关，而暴露于蓝绿色景观空间中被证实能改善人的认知能力。卡尔普兰夫妇的注意力恢复理论认为，注意力包括定向注意力和不定向注意力。定向注意力需要努力对周围的干扰因素产生的冲动进行抑制而专注于任务，容易造成疲劳、烦躁和分心。而接触蓝绿色空间时，只需要不定向注意力，可以改善神经思维稳定性，益于缓解疲劳，有助于维持或恢复认知能力中的定向注意力，增强自信心和提升自我效能。因此，接触自然景观，能使人产生积极的情绪、安全感和幸福感，从而有助于大脑更好的思维、想象和对环境信息的处理加工。

（4）社会交往促进功效。景观环境提高了人们进行社会交往的意愿，也提供了更多的社会交往机会和空间。它能够减少人们的孤独感，提升个体适应社会的能力和幸福感，这对老年群体来说尤其重要。有研究发现，绿地条件更好的社区，邻里之间的满意度也更高。

4.18　如何选择室内植物？

人们一天中的大部分时间都在室内度过，接触自然的机会变得越来越少，从而可能导致病态建筑综合征、呼吸系统慢性炎症等健康问题，影响人们的生活舒适度与工作效率。因此，越来越多的人选择在室内再造自然，特别是引种植物，增加与自然接触的机会。在选择室内植物时，应考虑建筑空间的特点、环境条件、整体装饰风格等，并结合植物的生长需要和文化寓意。

（1）观叶、观花和观果的植物。观叶植物作为室内的"常青树"被广泛应用。根据叶片颜色、形态和生长习性，可以选择蕨类、虎耳草等极耐阴植物，吊兰、龟背竹、喜林芋、常春藤、万年青等半耐阴植物，或变叶木这类阳性植物。观花、观果植物虽然会受到观赏时效的限制，但仍颇受人们的喜爱，如四季海棠、蟹爪兰、君子兰、长寿花、蝴蝶兰、仙客来、红掌、柑橘、石榴、柿、南天竹、紫珠、火棘和富贵籽等。

（2）调节室内温湿度的植物。植物的光合作用和蒸腾作用会释放出大量水分，从而调节周边环境的温湿度。可以选择黛粉叶、海芋、合果芋、琴叶榕和散尾葵等叶片较大的植物来调节微环境。

（3）吸附、吸收有害物质与杀菌的植物。植物叶片的粗糙表面和黏液，可以吸附、吸收空气中的颗粒物或有害气体，例如芦荟、常青藤、龙舌兰等植物。其中，绿萝、虎尾兰、吊兰、龟背竹、白掌和虎皮兰等是祛除室内甲醛的代表植物。此外，文竹、柠檬可以分泌出杀菌素，玫瑰、茉莉、桂花、紫罗兰等芳香植物可以产生挥发性油类物质来净化空气。

（4）具有指示性的植物。一些植物对空气中的有害气体非常敏感，会通过外表变化对人们进行提醒。例如当空气中氟化氢达到一定浓度时，对柑橘、秋海棠、一品红、天竺葵、牵牛花等植物造成的慢性伤害表现为叶尖和叶缘出现红棕色至黄褐色的坏死斑，急性伤害表现为叶缘和叶脉间出现水渍斑，之后植物叶片逐渐干枯，呈棕色至淡黄的褐斑。常见的敏感指示花卉有监测二氧化硫的向日葵、紫花苜蓿等，监测氯气的百日草和波斯菊等，监测大气氟的地衣和唐菖蒲等，监测氮氧化物的秋海棠和向日葵等。

研究发现，观赏室内不同颜色的开花植物，对改善个体情绪状态有显著差异，其中，蓝色效果最为显著。此外，人们在室内的精神状态与日常接触植物的时间呈正相关，随着植物在室内放置的时间延长，人们的精神健康状态都会随之受益。

4.19   如何进行家居植物装饰？

家居植物装饰应遵循经济、适用和美观的原则，将功能和布局相结合，突出自然和文化特色，营造出生态舒适、怡情养性的绿化环境。不同家居空间，植物装饰的方式各异。

（1）阳台。采光较好，适宜进行晾晒和户外锻炼。可以将吊兰、蟹爪莲等挂于阳台顶板或悬挂栏杆上；通过搭建花架和棚架，可以增大绿植空间。

（2）门厅。入口空间常使用立体绿化的方式，如绿门、绿柱或绿廊，也可在廊顶设置种植槽，使植物枝蔓向下垂挂形成绿帘。

（3）客厅。作为对外展示的空间应布置得美观大方。如果面积较大，可以选择寓意美好的植物，如招财树、幸福树等；在茶几或矮柜上，还可以摆放小盆栽。

（4）卧室。为营造温馨的气氛和改善空气质量，应选择体态轻盈、纤细的植物，如吊兰、文竹等。不宜选择颜色鲜艳、芳香过于浓烈的植物。

（5）餐厅。用餐区可以选择色彩明快的植物，如观赏凤梨、孔雀竹芋等，可以使人精神振奋，增加食欲。

（6）书房。安静雅致的环境便于静心工作和学习，将文竹、富贵竹等体量不大的盆栽置于桌面或窗台，能有效缓解视力疲劳，增强注意力。

家居植物装饰的配置方式有：

（1）孤植。在重点空间和位置，选用观赏性强、寓意美好、绿色期长的单株植物进行装饰，如梅、兰、菊等。

（2）列植。两株或两株以上按一定间距整齐排列的种植方式，如两株对植、线性种植和多株阵列种植。

（3）群植。按植物习性和美学原理进行配置的方式，可以是同种花木组合，也可以是多种花木混植，以表现群体美为主，有利于形成小气候。由于植物株数较多，应注意植物种类的搭配和空间结构的变化。

（4）附植。就是把植物附着于其他构件上而形成的植物配置方式，包括攀缘和悬垂两种形式。攀缘是利用家具、木竹等形成绿柱、绿架或绿棚；悬垂是把藤蔓植物或气生植物高植于地面的容器。

4.20　适老化景观设计应该注意什么？

适老化景观是在日常生活中为满足老年人的生理、心理特点和需求，通过地形、水系、植被、道路、建筑及小品设计所形成的景观，旨在为老年人提供适用、美观、舒适的环境。

迈入老年后，生理、心理都发生了一系列的变化。在生理方面，感知系统如视觉、听觉、触觉、味觉等功能减退，对于外界的感官刺激不敏感；骨骼、关节和肌肉的功能也出现一定的下降，表现为行动缓慢、步幅变小、平衡能力减弱、易摔倒；适应力、应变能力、方向感以及记忆力等下降。在心理方面，老人因为无法独立完成正常的生活起居与活动，会造成心理上的挫败感和焦虑情绪；子女不在身边，缺少与他人的交流沟通，会产生一定的孤独感；对家乡有着深厚感情，一旦脱离原来的生活环境，极易产生陌生感。因此，随着经济条件的改善和生活水平的提高，老年人开始追求自己的兴趣和活动方式，在精神层面上更是展现出自主性和高层次的追求，适老化景观受到了全社会的关注。基于老年人身心的特点，在景观适老化设计中应注意如下问题：

（1）注重场地的可达性，如道路的通达性、铺装的平整度及防滑性、无障碍设施的完善程度；同时，注意步行道的遮阴，以保证老人行走的安全和舒适。

（2）为便于老人休憩和交流沟通，要设置数量充足、舒适的座椅，场地要具备良好的视野、朝向及遮阴。此外，视场地空间的大小和使用者特点，选用不同类型的健身器材，以满足老人多样的健身需求。

（3）老年人因视力减退，在照明设计中应适当增加景观灯的照度，以保证夜间出行的安全。

（4）注意植物景观的多样性，尽量做到四季常绿，三季有花。在空间允许的情况下，创造乔、灌、草结合的景观环境，有效杀灭空气中的病菌；适当增加花灌木和色叶树木等以加强季相特征，让老人感受到大自然的节律。

（5）利用可食景观、康养植物、景观文化等开展园艺康养活动，丰富老年人生活，促进社交，延年益寿。

4.21 如何开展家居园艺康养活动？

园艺康养是人们通过与园艺植物的亲密接触，达到改善生理、心理、认知功能、生活满意度及生活质量的活动。观察植物的生长过程、采摘花果蔬菜、参与园艺产品加工与料理等活动，都能给人们带来喜悦感、成就感、幸福感和归属感等积极情绪，在精神康复、养老照护等领域被广泛应用。

你知道吗？

　　园艺康养活动通过五感（视觉、嗅觉、听觉、触觉和味觉）的感知觉刺激、心理机制中的情绪反应、大脑机制的神经免疫作用共同构成基本康养途径。一方面，园艺康养活动属于物理运动，通过神经系统的调节促进各项身体机能的恢复；另一方面，参与者在特定的自然环境中产生感知觉刺激和情绪反应，通过神经免疫调节反馈至大脑皮层，大脑在知觉、认知和情感体验的动态变化中具备学习、识别和预测物体和事件的能力，并从景观反馈中纠正和协调情绪，从而使参与者在情绪、认知和记忆等方面得到改善，达到康养效果。

　　家居园艺康养活动将自然疗愈融入人们的日常活动，减少了因缺乏社交带来的烦闷和焦虑情绪，是提升健康福祉的有效方式。家居园艺康养活动，可分为观赏式和参与式两类。

　　（1）观赏式。观看盆栽、盆景等植物景观，用眼睛观察植物的颜色、外形，用鼻子闻它的气味，用手轻轻触摸它的质感，还可以将看到的植物新情况及当时的感想、感受等记录下来。

　　（2）参与式。① 植物栽培活动，如播种、上盆、组盆、扦插、养护、采摘等。在栽培过程中，人们可以感受到植物的生长变化，并体验自己动手的乐趣和成功的喜悦。② 植物艺术创作，如插花，植物头冠、手环，微景观、贴画、压花和香包的制作，植物扎染，叶子拓印等。植物艺术创作可以调动所有感官，锻炼思维，发展人的观察力、记忆力、想象力和创造力。③ 植物加工与利用，如制作香草点心、五行五色花草茶饮、艾草娃娃、香草喷雾、除障平安包、青草沐浴包、青草按摩槌等。

人在环境中接收的信息约有 90% 源于视觉，因此在家居园艺康养活动中选用植物应首先考虑色彩的变化，如绿色能舒缓疲劳。此外，嗅觉和味觉也会发挥独特的作用，如马鞭草、薰衣草的香气能起到镇静安神、缓解失眠的功效；甜味、酸味可以调节人的负面情绪。触觉的体验可以缓解压力和焦虑，如触碰含羞草的叶子、抓捏泥土等。

4.22　如何布置自动体外除颤仪？

我们常在媒体上看到关于猝死的新闻，在医学上猝死的原因很多，但大多数是心脑血管疾病。其中，最多的是心源性猝死，具有发病急、进展快、病情凶险的特点。一般常见的心源性猝死，所指的是心脏因发生心律不齐，使心脏无法正常运作而产生类似颤抖的状态，导致血液无法有效的送至全身，也就是所谓的"心室颤动"。医学研究表明，大脑完全缺血 5 分钟后，脑组织将出现不可逆的损伤。也就是说一旦发生室颤，黄金抢救时间非常短。有研究显示，如能在一分钟内给病人实施电除颤，除颤的成功率约为 90%，此后每过一分钟成功率即下降 7%～10%。因此，不论是在医院内还是在医院外，在公共场所配置 AED 都是必要的。

国家卫生健康委、教育部等部门和多个省份都推出了相关政策加强社会急救体系建设，例如 2021 年 8 月 2 日《北京市教育委员会关于做好校园自动体外除颤仪（AED）配置工作的通知》要求各级各类学校可根据学校的实际情况选择安装数量，要考虑学生的密度、活动强度以及适当的距离进行安装。每个学校至少配置一台。在明显位置张贴 AED 位置导向图，强化 AED 现场管理及宣传工作。目前，AED 已被广泛应用于医院、地铁、客运站、机场、学校、商场、大型企事业机关单位、公园景区、养老机构、社区、体育和文娱场所、酒店等各类公共场所。为保障有效施救，AED 的配置数量和密度要依据人口密度、人员流动量、分布距离等因素，按照 3～5 分钟内获取 AED 并到达现场为原则配置。

你知道吗？

　　自动体外除颤仪，英文为 Automated External Defibrillator，简称 AED，它是一种可以诊断特定的心律失常并实施电击除颤的便携式医疗设备。利用 AED 设备及时进行除颤，是挽救室颤患者生命最有效的方法。AED 设备可以自动判断患者心律、充电、选择能量，使用相对简单，一般机器有语音提示功能指导使用，是可以被非专业人员使用的医疗设备（图 4-6）。与传统除颤仪必须由医生根据心电图指标来进行决定是否电击和操作相比，AED 内置了分析软件，自动分析患者心律并给出是否需要电击的提示，即是否对患者进行除颤。

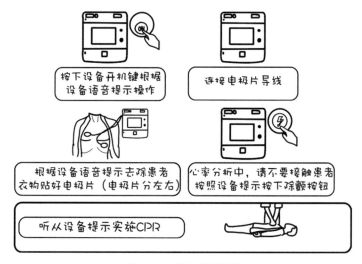

图 4-6　AED 使用步骤

5

未来科技与健康建筑

5.1 建筑材料可以净化空气吗?

净化建材是将净化功能材料和传统建材进行有机结合,在保证自身安全、环保的基础上,主动净化空气中的化学污染物。这类材料往往不需要外加能源的驱动,而是通过自身的物理或化学属性实现对空气中甲醛、VOCs、氮氧化物等有害污染物的去除。室内空气净化材料对污染物的作用机理主要有吸附型、化学反应型、光催化型和复合型。

(1)物理吸附型主要依靠多孔材料对污染物的强吸附能力来净化空气。市面上常见的除醛活性炭包就是基于物理吸附的原理,具有类似功能的材料还包括硅藻土、海泡石、沸石等。但物理吸附并不会使污染物消失,在一定条件下污染物还会重新释放到空气中,而且吸附材料一旦达到饱和状态就不再有吸附作用,因此不能达到持久净化空气的目的。

(2)化学反应型主要是依靠净化材料可以和目标污染物发生化学反应的性质。目前采用这一原理去除的空气污染物主要是甲醛,利用甲醛和特定活性基团如氨基或亚氨基等发生化学反应而达到消除甲醛的目的。这类材料通常在初期有较好的效果,但随着活性基团逐渐被消耗,以及自然条件下的老化,导致其净化效果往往不具备持久性。同时还要注意,这类材料在与建材结合时容易受建材包裹而影响净化效果。

(3)光催化型净化材料可以在紫外光或太阳光的照射下,将甲醛等有害物质分解成无害的 CO_2 和 H_2O,从而将污染物彻底去除,其净化能力与光照强度有关。常见的光催化材料主要是以 TiO_2 为代表的金属氧化物半导体类。光催化材料在光催化降解过程中并不消耗自身,因此在理论上可以长时间持续发挥作用,但在实际应用过程中容易发生光催化纳米粒子团聚和包覆,光照条件受限等,进而影响净化效果。

(4)单一类型的净化材料在使用条件、净化寿命等方面存在一定的应用局限。同时,由于室内污染主要来自装饰装修材料,而这些材料一旦被安装使用,会在很长时间甚至数年内持续、动态地释放化学污染物。近几年，为了彻底解决室内严重的化学污染问题，出现了复合型净化材料，不仅能在短期内将污染物固定下来，通过化学反应去除污染物，在短期内单次净化效率方面表现优异；而且在长期、动态净化效率方面性能非常优异，这样才能从根本上解决危害人们身体健康的化学污染问题。

你知道吗？

　　净化建材的应用形式多种多样，如净化涂料、净化板材、净化天花板等。每种类型又可以进一步细分，如净化板材可分为人造板和无机板。净化涂料按材料形态分为液态和粉体；按涂层厚度分为薄层和厚涂；按主要功能材料分为玉石涂料、无机壁材等。

　　面对净化功能如此多样的建材类产品我们要如何选择呢？需要把握好两个关键点：一是产品本身要安全环保，其有机污染物、重金属、放射性等有害物质含量应在安全范围内，不会造成二次污染。二是选择长效性、动态净化类型产品。室内的污染是长期存在的，尤其是装修造成的污染，不仅种类繁多，更是动态持续释放的，因此我们应该选择有效性持续时间较长的净化型产品。

5.2　装配式内装修健康吗？

　　装配式内装修，又称工业化内装修，是遵循管线与结构分离的原则，运用集成化设计方法，统筹隔墙和墙面系统、吊顶系统、楼地面系统、厨房系统、卫生间系统、收纳系统、内门窗系统、设备和管线系统等，将工厂化生产的部品部件以干式工法为主进行施工安装的装修建造模式。通俗地来讲，装配式内装修就像是搭建积木，把全屋的装修材料，解构为一个个标准化的模块、单元、组件，再逐块组合，从而形成完整空间。与传统装修相比，装配式内装修具有施工快速、使用耐久、维护便利、健康环保等突出的优点。

（1）施工快速。装配式内装修分为工厂部品生产和现场安装两部分，现场采用干法施工，以组装为主，不需要二次加工，施工所需工种少，大幅缩短了施工周期。一套100平方米的房间，传统装修平均需要2.5个月，通风2~3个月入住。装配式内装修仅需要10~25天，能够实现即装即住，施工效率显著提升。

（2）使用耐久。装配式内装修实现装修和建筑主体的分离，减少或消除在结构中的各种管线预埋，改为填充在装饰面与支撑结构之间的空隙中，不破坏原有结构，实现施工可控、质量可控、部品可换，检查维修方便，可实现材料和建筑同寿命的目标。

（3）维护便利。装配式内装修部品部件由模块组成，如墙面是由多块墙板拼装而成的，墙板之间通过配件连接在一起。若某一块墙板坏了，仅需要将墙板等构件拆除更换，局部维修方便，且大大降低了后期的维修维护成本。入住后的修缮和改动难度也大大降低。

（4）健康环保。装配式内装修从源头上实现对产品的品质把控，杜绝含有有害物质的原材料使用，从设计、生产到安装均有专业团队执行，保障了其健康环保优势。在施工过程中，采用预制部品部件，不使用涂料、油漆、胶粘剂等潜在污染源；采用全干法施工，几乎无切割，现场无噪声、无粉尘、无废料，提升了用户使用环境、工人作业环境的健康保障。

近年来，我国装配式建筑得到了蓬勃发展，装配式内装修随之迅速发展。在新的发展阶段，基于国家提出的"五化一体"，即设计标准化、生产工厂化、施工装配化、装修一体化、管理信息化的"新型建筑工业化"发展要求，装配式内装修将迎来更大的发展机遇。

5.3　智慧社区如何促进健康生活?

社区的智慧化建设是综合利用物联网、互联网、大数据、云计算等现代信息技术,对社区空间环境等进行改造升级,提高社区管理服务效率,从而改善居民的生活质量。根据服务主体和任务拓展场景的不同,智慧社区通过打造智慧社区政务,建设服务居民生活的智慧生活场景、服务居民安全的智慧应急场景、服务居民健康的智慧医疗场景、服务便捷出行的智慧交通场景、服务老年人身心健康的智慧养老场景等,全面服务居民需求,保障居民健康生活(图5-1)。

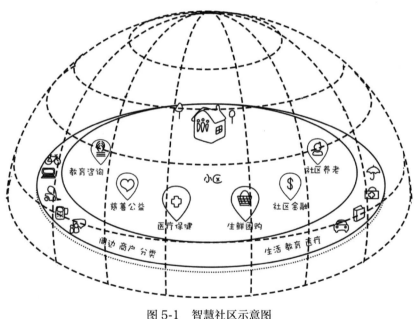

图 5-1　智慧社区示意图

社区的智慧化建设促使空间和公共服务资源实现系统管理、实时监测与科学分配。通过对空间的环境指标、使用情况等信息进行实时监测,居民得以及时获取所处环境的潜在风险信息。例如,在社区布置空气质量、温湿度、噪声等环境监测系统,可以实时掌握环境变化与污染现状,进行健康性能评价。实时评价结果可通过智慧屏、APP 等途径进行发布，为居民开展户外活动提供衣着和区域选择建议。又如，社区的智慧电梯可以在识别电瓶车后发出语音和闪光报警，保持电梯门开启，直至电瓶车推出电梯后才恢复正常运行，避免火灾隐患，保障居民生命财产安全。智慧化的健康管理服务能够为居民的健康生活提供保障。例如，在遇到公共卫生事件时，在社区出入口配置自动测温系统，通过热像仪以非接触的方式进行体温检测、回传，精确定位异常个体，避免物业人员的直接接触，既便捷又安全；在社区配置智能售卖机，使居民无须出入小区，即可获得基础的生活必需品；配置智能跑道，通过人脸识别系统自动记录运动数据，并进行分析和提示，指导科学运动，这些都是智慧社区的真实应用场景。

你知道吗？

> 根据 2022 年 5 月民政部等九部委联合颁布的《关于深入推进智慧社区建设的意见》，社区的智慧化建设可以从六个方面入手展开。一是集约建设智慧社区信息平台；二是拓展智慧社区治理场景；三是构筑社区数字生活新图景；四是推进大数据在社区应用；五是精简归并社区数据录入；六是加强智慧社区基础设施建设改造。因此，社区的智慧化建设包括了基础设施设备智慧化和治理运营智慧化两个方面。

5.4 建筑信息模型如何促进建筑运维管理？

建筑信息模型（Building Information Modeling，BIM）早期被定义为建筑"物理性"和"功能性"特征的数字化表达。随着建筑信息模型支撑工具平台的发展，建筑信息模型发展为基于三维模型的建筑设计、设备工程、结构工程数据智慧化集成模型。建筑信息模型不仅能够动态集成建筑全生命周期中包括形态空间、材料构造、设备运行等在内的建筑信息，还能实现对局地湿热条件、日照条件、风条件等环境信息和建筑能耗、光舒适与热舒适等性能信息的集成。

你知道吗？

　　建筑信息模型不仅能够高效存储建筑、环境和性能信息，还为多学科数据的交互协同提供了有力支撑，为建筑运维过程中各参与方的信息共享提供了便利，实现了对建筑系统信息的三维呈现，以及对建筑与环境交互过程的动态演示，便于建筑运维管理者更直观、科学地了解建筑运维过程中各设备子系统、使用者用能行为的共性机理与个性特征，从而面向健康性能目标，更加科学地制定建筑运维管理决策。

　　建筑信息模型可通过数据协同和万物互联实现数据链和系统平台扩展，形成建筑数字孪生模型，进一步提高建筑运维管理效率，从而以更高能效营造更健康的建成空间环境。通过与物联网、云计算等系统的深入融合，建筑信息模型将会更有力地推动建筑运维管理质量的提升，在安防监控、风险预警、使用者行为感知、疫情防控等方面发挥积极作用。同时，结合区块链技术，建筑信息模型可通过精细化管理，降低建筑运行成本。

　　建筑信息模型已经广泛应用于校园建筑、公共综合楼宇、科技展馆、医院以及工厂园区的建筑运维管理（图5-2），如雄安新区规划建设管理平台、英国剑桥大学西剑桥站数字孪生系统、南京星河WORLD智慧园区楼宇运维系统。同时，随着历史建筑遗产保护的预防性策略逐渐受到重视，建筑信息模型还会逐步应用于历史建筑遗产保护中。历史建筑涉及的数据信息量非常大，除了建筑的外形、材质等信息，还需要记载其建造工艺、经历过的变动、形变破损情况等，辅助修缮工作的开展。借助于建筑信息模型，不仅可以将模型、历史档案、数据等多源信息归纳整合，还能提供动态的资料库，可实现对保护对象的虚拟修复，有效控制风险和成本。

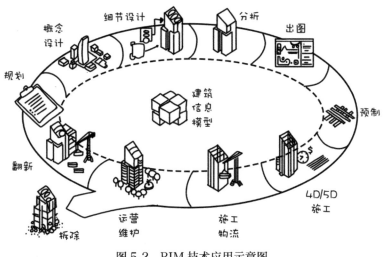

图 5-2   BIM 技术应用示意图

5.5   什么是智慧家居？

　　智慧家居又被表述为"智能家居""家庭自动化"，其发展可追溯至 20 世纪 70 年代。20 世纪 80 年代，美国联合技术公司（UTC）提出了"智能建筑"的概念，并将其应用于康涅狄格州的城市广场大厦项目，实现了对建筑暖通空调系统、电梯系统、照明系统等多类型设备系统的智慧化控制，同时提供了电子邮件、语音通信和通信材料等信息服务。该项目的成功实践是提升家居智慧化水平的代表性探索。

　　随着科技发展，当代智慧家居的功能模块得到了进一步拓展，其包括但不限于集中控制器、智能照明系统、电气控制系统、对讲系统、视频监控、防盗报警器、家庭报警系统、电子锁出入控制、智能遮阳系统、HVAC 系统、太阳能及节能设备、厨房和电视系统、运动和健康监测、自动浇花、宠物护理和动物控制等（图 5-3）。在人工智能技术支持下，智慧家居已逐渐发展为"具备与建筑使用者进行智慧交互能力的综合系统"。

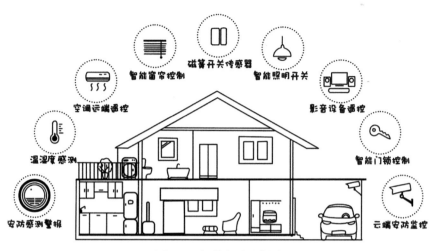

图 5-3　智慧家居示意图

你知道吗？

　　信息通信技术（ICT）、人工智能（AI）、物联网（IoT）等技术的进步，显著推动了智能家居的发展。如通过嵌入式传感模块，智慧家居系统可精准感知建成环境与建筑使用者行为状态的变化；通过远程监控和云计算智慧决策，能够有效平衡不同家居系统的用能峰谷，提升家庭能源利用效率。可见，当代智慧家居不仅具备了日常生活中的家庭自动化服务功能，还能够为建筑使用者创建健康、舒适、便利的生活环境，并向安全、能源和医疗保健等领域不断扩展。

　　目前智慧家居研究主要集中于家庭自动化、家庭信息管理、家庭能源管理与家庭医疗保健等领域。未来结合通信技术、传感与控制技术、语音语义识别技术、图像识别技术、云计算与边缘计算技术、区块链技术等，智慧家居将成为提高人民生活质量的重要支撑，为智慧城市发展进一步赋能。

5.6   智能可穿戴设备是否让建筑更懂"你"？

随着人们生活水平的提高和科学技术的进步，智能可穿戴设备已经走入普通民众的生活。广义的来讲，智能可穿戴设备是应用穿戴式技术，对融合传感器、显示器、无线模块等功能模块进行智能化、集成化、便携化设计，开发出的可穿戴式电子设备的总称，其能够利用传感器、射频识别、导航定位等信息模块，按约定协议接入移动互联网，实现人与物在任何时间、地点的连接与信息交互。

智能可穿戴概念设备亮相于 20 世纪 70～80 年代。随着半导体技术的集成化和袖珍化发展，依托互联网的移动化与全面化普及，以及制造业的智能化与柔性化突破，以智能手环、手表、眼镜、配饰四种产品为代表的可穿戴设备快速发展。这些智能可穿戴设备不仅能够帮助人们感知自身所处的外部环境，而且可以在计算机、互联网或者其他传感设备的辅助下实现人机信息的无缝对接与交流，对数据进行分析、存储和管理，主动感知、支撑人们的生活方式。

在建筑领域，智能可穿戴设备通过搜集使用者的心率、皮肤温度、血压、血氧饱和度等一系列人体体征信息和行为数据，结合建筑环境监测系统搜集的温度、湿度、二氧化碳等数据，使建筑运维系统学习人体舒适度水平波动特征，通过数据挖掘，实现对建筑使用者环境调节主观期望的预测和判断。例如，人的睡眠过程可以分为入睡期、浅睡期、深睡期、快速眼动睡眠期四个阶段。智能可穿戴设备能够感知人体睡眠状态，从而动态调整室内环境温度、照明等环境指标，使睡眠更高效。在入睡前，房间温度宜稍凉爽，并配合幽暗的灯光和舒缓的音乐，使人心情放松、愉悦，快速进入睡眠；当感知到进入睡眠状态后，可将房间温度稍升高，关闭灯光和音乐。智能可穿戴设备可将建筑使用者体征信息反馈给建筑管理系统，实现建筑系统的智慧响应。

但是，可穿戴设备也存在局限。首先，既有可穿戴式产品的测量精度还有待提升。其次，可穿戴式设备需能与建筑系统进行有效的数据交互。尽管存在上述局限，智能可穿戴设备与建筑运维管理系统的交互与协同研究仍然具有重要意义。

5.7　建筑设计如何支撑远程医疗？

根据 WHO 的定义，远程医疗是一种通过信息和通信技术完成远距离诊断、治疗、咨询、评估等医疗行为的医疗卫生服务，也叫作电子医疗、电子保健等。远程医疗运用计算机、通信、医疗技术与设备，通过数据、文字、语音和图像资料的远距离传送，实现专家与病人、专家与医务人员之间异地"面对面"地会诊。远程医疗的实现涉及的问题不仅是医疗或临床问题，还包括通信网络、数据库和网络系统集成等各方面的问题。

远程医疗离不开通信网络的支持。传统的智能建筑一般具有楼宇自控、电视及安保自动化、综合布线等系统。为了满足远程医疗的需求还需要具备远程会诊，远程影像系统，远程教育培训，远程医学监护等一体化的综合医疗平台。远程会诊需要专门的会诊室，配置可视化会诊系统，其中包括语音系统、视频系统，还要由专用的接口接入医院信息系统，以共享患者影像数据和生化免疫病理数据。一般来说，它和视频会议系统有相似性，但因具有医疗特殊性，因此要求更高。

会诊室要有良好的声学设计。话筒和扬声器在同一声场，需要避免声音反馈回波和房间共振引发的正反馈造成尖锐的啸叫声，保证语音系统正常工作。在会诊室人员较多的情况下，建筑和设备的布局要能够消除背景噪声，保证语音的清晰度，还要从建筑声学的角度考虑房间的形状和布局对声音品质的影响。

会诊室要有合理的光学设计。会诊室应保证光源均匀，避免高清摄像头的图像曝光过度，色彩失真，引发视觉不舒适。随着科学技术的发展，全息 3D 的视频会议系统引入远程会诊系统，将增强会议交流效果，但同时对会诊室的光环境也提出了更严格的要求。

传输网络要求。远程会诊系统有高清语音和高清视频，特别是影像数据和未来的全息3D视频，这些都要求网络传输有更大的带宽和更低的时延，传输带宽越大，抗噪声能力要求越苛刻。此外，由于医院有大量的核磁共振、电子加速器、核辐射设备，布线网络穿过这些区域时要保证有足够的屏蔽才能实现数据的可靠传输。因此，在进行综合布线时必须综合考虑带宽、时延、抗噪能力、屏蔽效果等因素，保障远程会诊效果。

远程医疗对建筑设计提出了新要求，需要通过更科学、更专业的设计保障医治效果，为患者提供更好的健康服务。

5.8　未来的健康建筑是什么样子？

随着社会、经济、文化和科技的发展，人民群众对美好生活的追求将不断拓展和丰富，而健康是永远的目标。建筑作为承载人类活动时间最长的载体，未来的健康建筑将是一个人机物深度融合的开放生态系统，可以集成一切为人类服务的新技术和产品，全面的支持和管理使用者的健康。与当前的健康建筑相比，未来的健康建筑将会更聪明、更安全、更便捷、更贴心、更舒适、更亲近自然、更具文化内涵，成为一个拥有"大脑"的"生命体"。

（1）更聪明。未来的健康建筑是可以"沟通与对话"的建筑。用户可以在建筑规划、设计、建造、运行和改造的各个阶段，告知自己的需求，相应的解决方案会被制定和执行。其次，未来的健康建筑是可以"识别与干预"的建筑。环境中的健康风险将会被识别和监测，用以警示用户并执行规避措施。此外，未来的健康建筑是可以"思考和建议"的建筑。可以建立基于区块链的个人健康护照，通过数字孪生系统与 AI 对话技术告知用户科学的建议或接入疾病干预智能服务终端。

（2）更安全。未来的健康建筑将大大降低现在普遍存在的环境风险和事故，如：空气、饮用水的污染，公共场所间接接触感染，自动扶梯相邻区跌落的风险，高空坠物的风险等，这些都将被实时的感知、反馈和防范。

（3）更便捷。未来的健康建筑将不是一个独立的建筑环境的概念，而是与更大尺度的社区、城区／村落／小镇、城市有机结合、互为支撑的一个基础"细胞"。建筑将与所在区域更好的联通，建筑使用者将更好的享受出行和服务的便捷。

（4）更贴心。未来的健康建筑将会满足不同年龄、性别、健康状态、情绪状态、生活方式、兴趣喜好、文化背景、价值取向、职业从属个体更加灵活性、个性化、多层次的需求。

（5）更舒适。未来的健康建筑将提供更科学、更舒适的声环境、光环境、热湿环境，相关健康影响的基础理论更完善，技术策略更先进，诉求识别更精准，调节模式更智能，最大化的提升人员满意度。

（6）更亲近自然。未来的健康建筑将融入更多自然的元素，包括材料、景观、菜园，以及山间空气、溪流声音、泥土芬芳、天然照明等，使在城市中工作的人可以"零距离"感受自然的美，保护、维持、恢复、提高人们与自然世界在生理、认知和心理上的联系。

（7）更具文化内涵。未来的健康建筑更能体现社会的价值观，能够在延续时空价值的同时，积极融入当代生活，塑造认同感和归属感。更科学的设计理念和科学技术会使置身其中的人感受到空间的文化趣味和文化价值，唤起共鸣。

未来的健康建筑还有很长的路要走，有很多基础理论要持续攻关，还需要政策和产业层面的指引和支撑。党的二十大报告擘画了一幅"人民群众获得感、幸福感、安全感更加充实、更有保障、更可持续，共同富裕取得新成效"的蓝图，也是未来健康建筑持续奋斗的方向。

参 考 文 献

［1］王清勤，孟冲，等. 健康建筑：从理念到实践[M]. 北京：中国建筑工业出版社，2019.

［2］中国疾病预防控制中心慢性非传染性疾病预防控制中心，国家卫生健康委员会统计信息中心. 中国死因监测数据集2013[M]. 北京：科学普及出版社，2015.

［3］胡依，郭芮绮，闵淑慧，等. 1990—2019年中国老年人群跌倒疾病负担分析[J]. 现代预防医学，2021，48（9）：1542-1545＋1630.

［4］Kalache A, Fu D, Yoshida S, et al. World Health Organization Global Report on Falls Prevention in Older Age[J].World Health Organisation, 2007.

［5］Van Haastregt J C M. Effects of a programme of multifactorial home visits on falls and mobility impairments in elderly people at risk: randomised controlled trial[J]. BMJ, 2000, 321(7267): 994-998.

［6］Hall P, Hardy D, Ward C. Commentary of tomorrow: a peaceful path to real reform [M]. New York: Routledge, 2003.

［7］金经元. 近现代西方人本主义城市规划思想家[M]. 北京：中国城市出版社，1998.

［8］孙施文. 现代城市规划理论[M]. 北京：中国建筑工业出版社，2007.

［9］刘亦师. 田园城市思想、实践之反思与批判（1901—1961）[J]. 城市规划学刊，2021（2）：110-118.

［10］Rose G. Sick individuals and sick populations[J]. International Journal of Epidemiology, 2001, 30(3): 427-432.

［11］刘亦师. 19世纪中叶英国卫生改革与伦敦市政建设（1838—1875）：兼论西方现代城市规划之起源（上）[J]. 北京规划建设，2021（4）：176-181.

［12］王广坤. 19世纪中后期英国公共卫生管理制度的发展及其影响[J]. 世界历史，2022（1）：59-73＋154.

［13］廖涛，吴俊，叶冬青. 现代公共卫生运动领导者：埃德温•查德威克[J]. 中华疾病控制杂志，2020，24（8）：989-992.

［14］陈柳钦. 健康城市建设及其发展趋势[J]. 中国市场，2010（33）：50-63.

［15］王兰，廖舒文，赵晓菁. 健康城市规划路径与要素辨析[J]. 国际城市规划，2016，31（4）：4-9.

［16］王兰，贾颖慧，李潇天，等. 针对传染性疾病防控的城市空间干预策略[J]. 城市规

划，2020，44（8）：13-20＋32.

［17］冯玥. 突发公共卫生事件背景下的韧性城市建设研究[J]. 中国井冈山干部学院学报，
2022，15（2）：106-114.

［18］赵慧宁. 建筑环境设计中人体活动与心理情感因素分析[J]. 东南大学学报（哲学社会
科学版），2005（1）：107-109＋125.

［19］孙泽，张浩辉. 有关城市建筑色彩规划设计的分析[J]. 城市建设理论研究（电子版），
2013（21）.

［20］赵子轩，王亮. 建筑空间与人类的心理行为关系——公共空间的私密性研究[J]. 门
窗，2017，130（10）：115-116.

［21］文丘里. 建筑中的复杂性与矛盾性[M]. 沈阳：辽宁美术出版社，1988.

［22］李志民. 建筑空间环境与行为[M]. 武汉：华中科技大学出版社，2009.

［23］朱颖心. 建筑环境学（第4版）[M]. 北京：中国建筑工业出版社，2022.

［24］吴良镛. 人居环境科学导论[M]. 北京：中国建筑工业出版社，2001.

［25］吴相凯，黎鹏展. 基于环境心理学的现代室内艺术设计研究[M]. 成都：四川大学出
版社，2018.

［26］刘建新，高岚. 简述环境心理学的形成与发展[J]. 学术研究，2005（11）：9-12.

［27］王清勤，王静，陈西平. 建筑室内生物污染控制与改善[M]. 北京：中国建筑工业出
版社，2011.

［28］王清勤，孟冲，张寅平. 健康建筑2020[M]. 北京：中国建筑工业出版社，2020.

［29］Abdul-Wahab S A .Sick Building Syndrome: in Public Buildings and Workplaces[M]. 2011.

［30］盛大膺，刘淮玉，吴伟民，等. 不良建筑物综合征的预防[J]. 环境与职业医学，
2007，24（6）：640-642.

［31］解雨鑫，范梦怡，李偲佳，等. 病态建筑综合症研究进展[J]. 科技资讯，2019，17
（24）：210-212＋214.

［32］刘晓红，李伟华. 不良建筑物综合征的预防与控制[J]. 环境与健康杂志，2005，22
（4）：312-314.

［33］杨旭，陈文革，陈丹，等. 办公楼不良建筑物综合征的现场调查研究[J]. 华中师范大
学学报：自然科学版，2002，36（3）：335-340.

［34］叶江伟，赵安乐，童建勇，等. 我国北方两城市病态建筑综合征的发生及影响因素研
究[J]. 环境与健康杂志，2010，27（6）：493-495.

［35］Malik G. Sick-building syndrome[J]. The Lancet, 1997, 349(9069): 1913.

［36］WHO. Indoor air quality: Organic pollutants[J]. Environmental Technology Letters, 1989, 10(9): 855-858.

［37］国家市场监督管理总局，国家标准化管理委员会. 室内空气质量标准: GB/T 18883—2022[S]. 北京：中国标准出版社，2022.

［38］朱颖心. 建筑环境学（第5版）[M]. 北京：中国建筑工业出版社，2021.

［39］周中平，赵寿堂，朱立，等. 室内污染检测与控制（第1版）[M]. 北京：化学工业出版社，2002.

［40］施锐，朱瑞卿. 花粉过敏症[M]. 北京：中国科学技术出版社，2009.

［41］Spengler J D, Mccarthy J F, Samet J M. Indoor Air Quality Handbook[M]. McGraw Hill Professional, 2001.

［42］Zhao Y, Zhao B. Emissions of air pollutants from Chinese cooking: A literature review[J]. Building Simulation, 2018, 11(5): 977-995.

［43］Klepeis N E, Nelson W C, Ott W R, et al. The National Human Activity Pattern Survey (NHAPS): a resource for assessing exposure to environmental pollutants[J]. Journal of Exposure Science & Environmental Epidemiology, 2001, 11(3): 231-252.

［44］USEPA. Exposure Factor Handbook[M]. Washington D.C.: U.S. Environmental Protection Agency, 2011.

［45］Lioy P. and Weisel C.. Exposure Science[M]. Elsevier Amsterdam, 2014.

［46］Wahnschafft R, Wei F. Urban China: Toward Efficient, Inclusive, and Sustainable Urbanization The World Bank and the Development Research Center of the State Council, People's Republic of China World Bank, Washington, DC, 583 pag[J]. Natural Resources Forum, 2015, 39(2): 151-152.

［47］Lim, Stephen S, et al. A comparative risk assessment of burden of disease and injury attributable to 67 risk factors and risk factor clusters in 21 regions, 1990-2010: a systematic analysis for the Global Burden of Disease Study 2010[J].Lancet, 2012, 380(9859): 2224-2260.

［48］Day D B, Clyde M A, Xiang J, et al. Age modification of ozone associations with cardiovascular disease risk in adults: a potential role for soluble P-selectin and blood pressure[J]. Journal of Thoracic Disease, 2018, 10(7): 4643-4652.

［49］Zhang Y, Hopke P K, Mandin C. Handbook of Indoor Air Quality[M]. Springer Nature, 2022.

［50］童彦菊，谢克勤，宋福永. 建筑材料的主要健康危害[J]. 毒理学杂志，2014，28（4）：

322-326.

[51] Fucic A, Gamulin M, Ferencic Z, et al. Lung Cancer and Environmental Chemical Exposure: A Review of Our Current State of Knowledge with Reference to the Role of Hormones and Hormone Receptors as an Increased Risk Factor for Developing Lung Cancer in Man[J]. Toxicologic Pathology, 2010, 38(6): 849-855.

[52] Darby S, Hill D, Auvinen A, et al. Radon in homes and risk of lung cancer: collaborative analysis of individual data from 13 European case-control studies[J]. BMJ, 2004, 330(7485): 223.

[53] Bilban M, Vaupotic J. Chromosome aberrations study of pupils in high radon level elementary school[J]. Health Physics, 2001, 80(2): 157-163.

[54] 古丽娜尔·玉素甫, 孙慧. 看不见的臭氧污染[J]. 生态经济, 2019, 31(10): 6-9.

[55] 冯梦雪, 甘艺芳, 刘思源, 等. 臭氧暴露对心血管系统的影响[J]. 微量元素与健康研究, 2022.

[56] 沈佳磊. 室内臭氧的来源、去除与分布特性研究[D]. 南京大学, 2018.

[57] 郭超, 郜志. 关于国内外臭氧限值浓度标准的探究[J]. 建筑科学, 2020, 36(2): 163-170.

[58] 杜峰, 邹巍巍, 王涛. 净化室内臭氧污染复合材料的制备及性能[J]. 环境科技, 2019, 32(2): 24-28.

[59] Arianna Brambilla, Alberto Sangiorgio. Mould growth in energy efficient buildings: Causes, health implications and strategies to mitigate the risk[J]. Renewable and Sustainable Energy Reviews, 2020, 132: 110093.

[60] 中国建筑学会. 健康建筑评价标准: T/ASC 02—2021[S]. 北京: 中国建筑工业出版社, 2021.

[61] 中华人民共和国住房和城乡建设部. 公共建筑室内空气质量控制设计标准: JGJ/T 461—2019[S]. 北京: 中国建筑工业出版社, 2019.

[62] 中华人民共和国国家质量监督检验检疫总局, 中国国家标准化管理委员会. 空气净化器: GB/T 18801—2015[S]. 北京: 中国标准出版社, 2015.

[63] 李睦, 张晓, 朱焰, 等. 空气净化器去除颗粒物的洁净空气量衰减评价方法[J]. 绿色建筑, 2014(1): 21-23.

[64] 李睦, 莫金汉, 朱焰, 等. 我国室内空气净化器去除细颗粒物适用面积估算方法[J]. 家电科技, 2014(3): 10-12.

［65］Lyu K, Feng S, Li X, et al. SARS-CoV-2 Aerosol Transmission Through Vertical Sanitary Drains in High-Rise Buildings - Shenzhen, Guangdong Province, China, March 2022[J]. China CDC Weekly, 2022, 4(23): 489-493.

［66］Jin T, Li J, Yang J, et al.SARS-CoV-2 presented in the air of an intensive care unit (ICU)[J]. Sustainable Cities and Society, 2020:102446.

［67］张辉，厉曙光. 烹调油烟的热化学变化及其对人体健康的危害[J]. 铁道医学，1999 （3）：206-207.

［68］Hong Q Y, et al. Prevention and management of lung cancer in China[J]. Cancer, 2015, 121(S17): 3080-3088.

［69］Cao C, Gao J, Hou Y, et al. Ventilation strategy for random pollutant releasing from rubber vulcanization process[J]. Indoor and Built Environment, 2016, 26(2): 248-255.

［70］He L, Gao J, et al. Experimental studies of natural make-up air distribution in residential cooking [J]. Journal of Building Engineering, 2021, 44(7): 102911.

［71］Lv L, Gao J, et al. Performance assessment of air curtain range hood using contaminant removal efficiency: An experimental and numerical study [J]. Building and Environment, 2021, 188(2):107456.

［72］Zhou B, Wei P, et al. Capture efficiency and thermal comfort in Chinese residential kitchen with push-pull ventilation system in winter-a field study [J]. Building and Environment, 2019, 149(FEB.): 182-195.

［73］Ji W, Zhao B. Contribution of outdoor-originating particles, indoor-emitted particles and indoor secondary organic aerosol (SOA) to residential indoor PM2.5 concentration: A model-based estimation[J]. Building and Environment, 2015, 90:196-205.

［74］赵月靖，赵彬. 家庭烹饪产生PM2.5防护指南[J]. 中华流行病学杂志，2020，41（2）：3.

［75］Chen C, Zhao Y, Zhao B. Emission Rates of Multiple Air Pollutants Generated from Chinese Residential Cooking[J]. Environmental Science & Technology, 2018, 52(3): 1081-1087.

［76］Rim D H, Persily A K, Wallace L L.Reduction of Exposure to Ultrafine Particles by Kitchen Exhaust Fans of Varying Flow Rates | NIST[J].Science of the Total Environment, 2011: 2329-2334.

［77］Dobbin N A, Sun L, Wallace L, et al. The benefit of kitchen exhaust fan use after cooking-An experimental assessment[J]. Building and Environment, 2018, 135(5):286-296.

［78］中华人民共和国住房和城乡建设部. 住宅新风系统技术标准：JGJ/T 440—2018[S]. 北

京：中国建筑工业出版社，2018.

［79］中华人民共和国住房和城乡建设部. 民用建筑供暖通风与空气调节设计规范: GB 50736—2012[S]. 北京：中国建筑工业出版社，2012.

［80］杨春宇，唐鸣放，谢辉. 建筑物理（图解版）（第二版）[M]. 北京：中国建筑工业出版社，2021.

［81］谢辉，刘畅，李亨. 山地城市交通噪声特征及改善[M]. 重庆：重庆大学出版社，2022.

［82］中华人民共和国住房和城乡建设部. 民用建筑隔声设计规范: GB 50118—2010[S]. 北京：中国建筑工业出版社，2010.

［83］WHO. Burden of disease from environmental noise[R].2013.

［84］中华人民共和国生态环境部. 2021年中国环境噪声污染防治报告[R]. 2021.

［85］吴硕贤. 建筑声学设计原理[M]. 北京：中国建筑工业出版社，2000.

［86］Kang Jian. Urban Sound Environment[J]. Building Acoustics, 2009, 14(2):159-160.

［87］国家市场监督管理总局，国家标准化管理委员会. 声学 声景观 第1部分：定义和概念性框架: GB/T 41283.1—2022[S]. 北京：中国标准出版社，2022.

［88］辛蔚峰. 声景生态学的研究框架[J]. 绿色科技，2018（17）：133-134＋137.

［89］Buxton R T, Pearson A L, Allou C, et al. A synthesis of health benefits of natural sounds and their distribution in national parks[J]. Proceedings of the National Academy of Sciences of the United States of America, 2021, 118(14): e2013097118.

［90］郝洛西，曹亦潇，崔哲，等. 光与健康的研究动态与应用展望[J]. 照明工程学报，2017，28（6）：1-15＋23.

［91］郝洛西，曹亦潇. 光与健康：研究设计应用[M]. 上海：同济大学出版社，2021.

［92］Bommel W J M van. Interior lighting: fundamentals, technology and application[M]. Cham, Switzerland: Springer, 2019.

［93］中华人民共和国住房和城乡建设部. 建筑照明设计标准: GB 50034—2013[S]. 北京：中国建筑工业出版社，2013.

［94］赵荣义，等. 空气调节[M]. 北京：中国建筑工业出版社，2021.

［95］马最良，等. 暖通空调[M]. 北京：中国建筑工业出版社，2015.

［96］中华人民共和国国家质量监督检验检疫总局，中国国家标准化管理委员会. 地面气象观测规范空气温度和湿度: GB/T 35226—2017[S]. 北京：中国标准出版社，2017.

［97］王琦. 九种体质使用手册[M]. 北京：中国中医药出版社，2012.

［98］周晓平. 从天人相应探讨人体的气候适应性[J]. 长春中医药大学学报, 2014, 30（5）: 766-769.

［99］王琦. 九种基本中医体质类型的分类及其诊断[J]. 北京中医药大学学报, 2005, 28（4）: 1-8.

［100］刘雨蓓. 基于中医体质学环境适应能力实证依据研究[D]. 大连理工大学, 2021.

［101］Huang, B, Hong, B, Tian, Y, et al. Outdoor thermal benchmarks and thermal safety for children: A study in China's cold region[J]. Science of the Total Environment, 2021, 787(11): 147603.

［102］吕鸣杨, 金荷仙, 王亚男. 城市公园小型水体夏季小气候效应实测分析——以杭州太子湾公园为例[J]. 中国城市林业, 2019, 17（4）: 7.

［103］Tian, Y, Hong, B, Zhang, Z, et al. Factors influencing resident and tourist outdoor thermal comfort: A comparative study in China's cold region[J]. Science of the Total Environment, 2022, 808, 152079.

［104］Zhang, L, Deng, Z, Liang, L, et al. Thermal behavior of a vertical green facade and its impact on the indoor and outdoor thermal environment[J]. Energy and Buildings, 2019, 204, 109502.

［105］Wang, J, Liu, S, Meng, X, et al. Application of retro-reflective materials in urban buildings: A comprehensive review[J]. Energy and Buildings, 2021, 247, 111137.

［106］Givoni B. Impact of planted areas on urban environmental quality: a review. [J]. Atmospheric Environment. Part B. Urban Atmosphere, 1991, 25(3): 289-299.

［107］Xu M, Hong B, Mi J, et al. Outdoor thermal comfort in an urban park during winter in cold regions of China[J]. Sustainable Cities and Society, 2018, 43: 208-220.

［108］Qin Y. A review on the development of cool pavements to mitigate urban heat island effect[J]. Renewable and Sustainable Energy Reviews, 2015, 52(Dec.): 445-459.

［109］《中国人群身体活动指南》编写委员会. 中国人群身体活动指南（2021）[M]. 北京: 人民卫生出版社, 2021.

［110］中国疾病预防控制中心, 中国疾病预防控制中心慢性非传染性疾病预防控制中心. 中国慢性病及其危险因素监测报告（2018）[M]. 北京: 人民卫生出版社, 2021.

［111］崔德刚, 邱芬, 邱服冰, 等. 老年人参与身体活动对改善健康、生活质量和福祉效果的系统综述[J]. 中国康复理论与实践, 2021, 27（10）.

［112］张鲲, 姚婧, 蔡恩伦. 城市幼儿体育活动的发展与对策研究[J]. 体育研究与教育,

2008，23（1）：31-33.

[113] 魏伟，唐媛媛，焦永利．"城市人"理论视角下大城市中心区幼儿园布局及优化策略研究——以武汉市武昌区为例[J]．城市发展研究，2020，27（10）：6-13.

[114] 王亚丽．城市社区"15分钟健身圈"的构建研究[D]．郑州大学，2016.

[115] 何波．社区居民参与健身锻炼的动机与影响因素的研究[J]．搏击：体育论坛，2012（2）：10-12.

[116] Dunn A L, R E Andersen, J M Jakicic. Lifestyle physical activity interventions: history, short-and long-term effects, and recommendations[J]. American Journal of Preventive Medicine, 1998, 15(4): 398-412.

[117] Nicoll G, Zimring C. Effect of Innovative Building Design on Physical Activity[J]. Journal of Public Health Policy, 2009, 30(S1): S111-S123.

[118] 陈倩仪．新型办公空间的交流空间设计研究[D]．华南理工大学，2016.

[119] 国家统计局．第七次全国人口普查主要数据情况[EB/OL]．http://www.stats.gov.cn/xxgk/sjfb/zxfb2020/202105/t20210511_1817195.html，2022-06-25.

[120] 中国营养学会．中国居民膳食指南（2022）[M]．北京：人民卫生出版社，2022.

[121] 张碚贝，黄静．基于儿童心理学的幼儿园建筑色彩设计研究[J]．四川建筑，2009，29（6）：54-55.

[122] 周大鹏．老年居所建筑色彩设计的功能与表现[J]．广东轻工职业技术学院学报，2007，22（4）：75-77.

[123] 黄珊．色彩设计在城市住宅建筑中的运用研究[J]．现代装饰：理论，2014（3）：116.

[124] 中华人民共和国住房和城乡建设部．无障碍设计规范：GB 50763—2012[S]．北京：中国建筑工业出版社，2012.

[125] 中华人民共和国住房和城乡建设部．建筑地面工程防滑技术规程：JGJ/T 331—2014[S]．北京：中国计划出版社，2014.

[126] Vanos J K, Kalkstein L S, Sailor-Portland D, et al. Vanos, J. L. Kalkstein, D. Sailor, K. Shickman, and S. Sheridan, 2014. Assessing the Health Impacts of Urban Heat Island Reduction Strategies in the Cities of Baltimore, Los Angeles, and New York. Global Cool Cities Alliance, Washington, DC, 38pp[J]. 2014.

[127] Li Q, Morimoto K, Kobayashi M, et al. A forest bathing trip increases human natural killer activity and expression of anti-cancer proteins in female subjects[J]. Journal of Biological Regulators & Homeostatic Agents, 2008, 22(1):45.

［128］Maas J, Verheij R A, Vries S D, et al. Morbidity is related to a green living environment[J]. Journal of Epidemiology and Community Health, 2009, 63(12): 967-973.

［129］Barton J O, Pretty J. What is the best dose of nature and green exercise for improving mental health? A multi-study analysis[J]. Environmental Science & Technology, 2010, 44(10): 3947-3955.

［130］Bratman G N, Hamilton J P, Daily G C. The impacts of nature experience on human cognitive function and mental health[J]. Annals of the New York Academy of Sciences, 2012, 1249(1): 118-136.

［131］Herzele A V, Vries S D. Linking green space to health: a comparative study of two urban neighbourhoods in Ghent, Belgium[J]. Population and Environment, 2012, 34(2): 171-193.

［132］Kuo F E, Sullivan W C. Environment and Crime in the Inner City: Does Vegetation Reduce Crime?[J]. Acoustics, Speech, and Signal Processing Newsletter, IEEE, 2001, 33(3): 343-367.

［133］李夫雄，李丹. 新型冠状病毒感染疫情居家期间青少年身体活动与情绪关联研究[J]. 北京体育大学学报，2020，43（3）：84-91.

［134］王汉军，杨旭. 21世纪室内环境与健康学科研究的热点问题[J]. 公共卫生与预防医学，2007（3）：5-7.

［135］徐峰，王静. 建筑环境立体绿化技术[M]. 北京：化学工业出版社，2014.

［136］陈希，周翠微. 室内绿化设计[M]. 北京：科学出版社，2008.

［137］朱宏伟，胡炜. 环境心理学理论在居住区适老化景观设计中的应用[J]. 建筑与文化，2020（6）：206-207.

［138］Kaplan, S. The restorative benefits of nature: Toward an integrative framework[J]. Journal of Environmental Psychology, 1995, 15(3): 169-182.

［139］Lu, S, Zhao, Y, Liu J, et al. Effectiveness of Horticultural Therapy in People with Schizophrenia: A Systematic Review and Meta-Analysis[J]. International Journal of Environmental Research and Public Health, 2021, 18(3), 964.

［140］Wang X Y, Ji Z J, Wang J, et al. TiO$_2$ Supported on Crude Sepiolite by Liquid Phase Method[J]. Advanced Materials Research, 2010, 96: 251-256.

［141］中华人民共和国住房和城乡建设部. 装配式内装修技术标准：JGJ/T 491—2021[S]. 北京：中国建筑工业出版社，2021.

［142］中国建材工业经济研究会装配式建筑和绿色发展分会. 2022年中国装配式装修产业

发展指南[R]. 北京，2022.

［143］张国钦，李妍，吝涛，等. 景感生态学视角下的健康社区构建[J]. 生态学报，2020，40（22）：8130-8140.

［144］Peng Y, et al. Digital Twin Hospital Buildings: An Exemplary Case Study through Continuous Lifecycle Integration[J]. Advances in Civil Engineering, 2020: 1-13.

［145］Maryasin O. Design of Ontologies for the Digital Twin of Buildings[J]. Ontology of Designing, 2019, 9(4): 81-96.

［146］Nyvlt V. BIM within current building facilities and infrastructure[J]. IOP Conference Series Materials Science and Engineering, 2020, 972: 012040.

［147］Liu Y, Sun Y, Yang A, et al. Digital Twin-Based Ecogreen Building Design[J]. Complexity, 2021(10): 1-10.

［148］Jones S, et al. A multi-energy system optimisation software for advanced process control using hypernetworks and a micro-service architecture[J]. Energy Reports, 2021, 7: 167-175.

［149］Buckley N, et al. Designing an Energy-Resilient Neighbourhood Using an Urban Building Energy Model[J]. Energies, 2021, 14(15): 4445.

［150］Lu Q, et al. Developing a Digital Twin at Building and City Levels: Case Study of West Cambridge Campus[J]. Journal of Management in Engineering, 2020, 36(3): 05020004.

［151］Sun C, et al. Real-time detection method of window opening behavior using deep learning-based image recognition in severe cold regions[J]. Energy and Buildings, 2022, 268: 112196.

［152］Hoon S S, P M Chul. Implementation of Digital Twin based Building Control System using Wireless Sensor Box[J]. Journal of the Korea Society of Computer and Information, 2020, 25(5): 57-64.

［153］Martinez I, et al. Internet of Things (IoT) as Sustainable Development Goals (SDG) Enabling Technology towards Smart Readiness Indicators (SRI) for University Buildings[J]. Sustainability, 2021, 13(14): 7647.

［154］Badenko V L, et al. Integration of digital twin and BIM technologies within factories of the future[J]. Magazine of Civil Engineering, 2021. 101(1): 10114.

［155］钟声，周峥华，张清. 基于BIM的数字孪生建筑的应用[J]. 第七届全国BIM学术会议，2021：51-55.

［156］李晶，杨滔. 浅述BIM＋CIM技术在工程项目审批中的应用：以雄安实践为例[J].

中国管理信息化，2021，24（5）：172-176.

[157] Kravchenko Y, et al. Technology analysis for smart home implementation[C]. in 2017 4th International Scientific-Practical Conference Problems of Infocommunications. Science and Technology (PIC S&T), IEEE, 2018.

[158] Omar O. Intelligent building, definitions, factors and evaluation criteria of selection[J]. Alexandria Engineering Journal, 2018, 57(4): 2903-2910.

[159] Dahmen J, et al. Smart secure homes: a survey of smart home technologies that sense, assess, and respond to security threats[J]. Journal of Reliable Intelligent Environments, 2017, 3(2): 83-98.

[160] Wang Y, et al. An occupant-centric adaptive façade based on real-time and contactless glare and thermal discomfort estimation using deep learning algorithm[J]. Building and Environment, 2022(Apr.): 214: 108907.

[161] Ford R, Pritoni M, Sanguinetti A, et al. Categories and functionality of smart home technology for energy management[J].Building and Environment, 2017, 123(Oct.): 543-554.

[162] Shen L, Han Y. Optimizing the modular adaptive facade control strategy in open office space using integer programming and surrogate modelling[J].Energy and buildings, 2022(Jan.): 254: 111546.

[163] Marikyan D, Papagiannidis S, Alamanos E. A systematic review of the smart home literature: A user perspective[J].Technological Forecasting and Social Change, 2019, 138: 139-154.

[164] Sapci A H, Sapci H A. Innovative Assisted Living Tools, Remote Monitoring Technologies, Artificial Intelligence-Driven Solutions, and Robotic Systems for Aging Societies: Systematic Review[J]. JMIR Aging, 2019, 2(2): e15429.

[165] Li W, et al. Mapping two decades of smart home research: A systematic scientometric analysis[J]. Technological Forecasting and Social Change, 2022, 179: 121676.

[166] Akka M A, Sokullu R, et al. Healthcare and patient monitoring using IoT[J]. Internet of Things, 2020,11: 100173.